Domine las habilidades matemáticas esenciales

20 minutos al día para su éxito

Libro Dos: Cursos 6 a 12

3a EDICIÓN

Richard W. Fisher

Editado por Christopher Manhoff

Para obtener acceso a los Videos de Tutoría en Línea, visite www.mathessentials.net y haga clic en Videos.

Programas de video de *Matemáticas esenciales*

- Se encuentran disponibles videos completos para ayudar a que el estudiante domine cada tópico
- La enseñanza del idioma inglés en los videos de *Matemáticas esenciales* ayudará al estudiante a reforzar su experiencia de aprendizaje en la sala de clases
- Los estudiantes deben copiar cada problema y trabajar en cada problema a medida que el maestro lo resuelve para entender y aplicar cada concepto
- Los estudiantes dominarán todos los conceptos sin inconvenientes cuando trabajen en los problemas junto al maestro

---

Math Essentials

Domine las habilidades matemáticas esenciales Libro 2, 3a edición

Hecho en los Estados Unidos de Norteamérica

Edición en español: ISBN: 978-1-7335018-1-1
Edición en inglés: ISBN: 978-0-9994433-8-5

1a impresión 2018

Math Essentials
P.O. Box 1723
Los Gatos, CA 95031
866-444-MATH (6284)
www.mathessentials.net
math.essentials@verizon.net

Notas para el maestro o el padre

Lo que destaca a *Domine las habilidades matemáticas esenciales* es su enfoque. No se trata tan solo de un libro de matemáticas sino que de un sistema para enseñar matemáticas. Cada lección diaria tiene cinco partes claves: dos ejercicios de velocidad, ejercicios de repaso, consejos para el maestro (Pistas Útiles), una sección que contiene materiales nuevos y un problema con enunciado diario. Los maestros tienen la flexibilidad para introducir nuevos tópicos, pero el libro les provee la guía y las estructuras necesarias. El maestro puede tener la confianza de que las habilidades matemáticas esenciales se están aprendiendo sistemáticamente.

Con tantos conceptos y tópicos en el currículo de matemáticas, algunas de estas habilidades esenciales se pasan fácilmente por alto. Este programa de matemáticas que es tan fácil de seguir requiere tan solo veinte minutos de instrucción al día. Cada lección es concisa e independiente. El ejercicio diario le ayuda a los estudiantes no solo a dominar las habilidades matemáticas sino que también a mantener y reforzar estas habilidades mediante un repaso consistente—algo que falta en la mayoría de los programas de matemáticas. Las habilidades que se aprenden en este libro se aplican a todas las áreas del currículo de matemáticas y cada lección diaria incluye un repaso consistente. Los maestros y los padres también estarán agradados al ver que es fácil corregir las lecciones.

El libro se divide en ocho capítulos, los cuales cubren los números enteros positivos, las fracciones, los decimales, los porcentajes, los enteros, la geometría, gráficos y resolución de problemas.

Domine las habilidades matemáticas esenciales está basado en un sistema de enseñanza que fue desarrollado por un maestro de matemáticas por un periodo de veinte años. Este sistema ha producido resultados impresionantes para los estudiantes. El programa rápidamente motiva a los estudiantes y crea confianza y entusiasmo, los que naturalmente conducen al éxito.

Por favor lea la siguiente sección, "Cómo usar este libro", y permita que este programa le ayude a lograr resultados impresionantes con sus hijos o sus estudiantes de matemáticas

Cómo usar este libro

Es mejor usar *Domine las habilidades matemáticas esenciales* diariamente. Es necesario seguir la primera lección cuidadosamente junto a los estudiantes para familiarizarlos con el programa y con el formato. En las próximas páginas se analiza la lección típica y se le separa en distintos pasos para sugerir cómo es mejor enseñarla. Esperamos que el programa le ayude a sus estudiantes a desarrollar un entusiasmo y una pasión por las matemáticas que les durará por toda su educación.

A medida que avances por estas lecciones diariamente, pronto verás cómo la confianza, el entusiasmo y el nivel de habilidades de los estudiantes crecerán. Los estudiantes mantendrán su dominio mediante el repaso diario.

En la escuela, es mejor usar el libro durante la primera mitad de la clase de matemáticas. Aparentemente, la estructura y el formato naturalmente conducen a los estudiantes a "pensar solo en matemáticas" desde el momento en que la clase comienza. Los estudiantes están listos para "saltar a las lecciones" sin ser necesarias ninguna incitación o motivación del maestro. Esto permite un comienzo muy tranquilo y ordenado cada día.

También, una vez que hayas terminado la lección diaria, todavía tendrás abundante tiempo para explicar tópicos relacionados, o bien trabajar en nuevos tópicos en la prueba básica o a través de otras fuentes.

Paso 1

Los estudiantes abren sus libros en la lección apropiada y comienzan juntos. Haga que los estudiantes primero hagan los ejercicios de repaso, trabajando en cada uno de los problemas y mostrando todo su trabajo. Si los estudiantes terminan temprano, deben revisar su trabajo en la sección de repaso.

Paso 2

Cuando sientas que los estudiantes han pasado suficiente tiempo en los ejercicios de repaso (usualmente dos a tres minutos), avísales que se acabó el tiempo. El próximo paso es hacer los ejercicios de velocidad. Una buena señal es decir "Prepárense para sumar". Los estudiantes van al ejercicio de suma y esperan la próxima señal. Entonces dices "El número que deben sumar es '()'". En este momento, los estudiantes escriben el número dado dentro del círculo de adición y, tan rápido como les sea posible, escriben todas las sumas en el espacio apropiado afuera del perímetro del círculo. A medida que los estudiantes completan el ejercicio, haz que suelten sus lápices y se pongan de pie o que señalen que han terminado en alguna forma apropiada. Cuando ya han tenido suficiente tiempo, diles "Se acabó el tiempo". Entonces los estudiantes corrigen sus ejercicios a medida que el maestro o un estudiante lee en voz alta los resultados. El mismo proceso se usa para los ejercicios de multiplicación. Es sorprendente la motivación que estos ejercicios de velocidad pueden producir, ayudando a los estudiantes a dominar sus hechos de suma y multiplicación.

Paso 3

Después de los ejercicios de velocidad, trabaja en los problemas de repaso con la clase. Trabaja en los problemas en la pizarra o en el proyector de transparencias y resuélvelos paso a paso con los estudiantes, pidiéndoles que participen dando respuestas y haciéndoles preguntas mientras avanzas. Permite que los estudiantes revisen su propio trabajo en esta sección. Esta sección provee un repaso consistente y un refuerzo de los tópicos que la clase aprende.

Paso 4

Después de los ejercicios de repaso, dales una breve introducción al material nuevo. Aquí es donde el estilo y las habilidades únicas de cada maestro entran en juego. Los conceptos, vocabulario y habilidades apropiados pueden ser presentados en la pizarra o en el proyector. Esto debiera requerir solo unos pocos minutos.

Paso 5

Después de una breve introducción al nuevo material, ve las "Pistas Útiles" junto a la clase. Asegúrate de indicar que frecuentemente es útil regresar a esta sección cuando los estudiantes trabajan en forma independiente. Esta sección frecuentemente tiene ejemplos que son muy útiles para los estudiantes.

Paso 6

Después de ver la sección de las "Pistas Útiles", haz los dos problemas de ejemplo. Es muy importante que trabajes en estos dos problemas con la clase. Los estudiantes pueden modelar las técnicas que el maestro discute y demuestra. Explica los pasos en la pizarra o en el proyector y los estudiantes pueden escribirlos directamente en sus libros. Trabajar en estos problemas de ejemplo con la clase puede prevenir una cantidad importante de frustración innecesaria por parte de los estudiantes. En esencia, al trabajar en ellos juntos, cada estudiante ha completado exitosamente los dos primeros problemas de la lección. Esto puede ayudar al desarrollo de la confianza como una parte rutinaria de cada lección diaria.

Paso 7

A continuación, haz que los estudiantes completen los ejercicios diarios y el problema con enunciado del día. Asegúrate de circular en la clase y de ofrecer ayuda individual. Si es necesario, resuelve un ejemplo adicional o dos en la pizarra con toda la clase. También, puede resultar beneficioso leer el problema con enunciado del día junto a la clase antes que ellos trabajen independientemente.

Paso 8

Finalmente, recoge los libros, corrígelos y devuélveselos a los estudiantes el próximo día. Algunas veces puede resultar apropiado corregirlos junto con los estudiantes.

Índice

Ejercicios veloces	Ejercicios de repaso

+

1.   362
     + 75

2.   723
     + 12

x

3.   72
     x   3

4.   6
         4
     +   2

Pistas útiles	1. Alinea los números en el lado derecho. 2. Suma las unidades primero. 3. Recuerda de reagrupar cuando sea necesario.

S.   342
        63
     + 512

S.   436
       632
     + 416

1.   42
        53
     +   16

2.   716
        72
     + 314

1	
2	
3	
4	
5	
6	
7	
8	
9	
10	
Puntaje	

3.   616
       724
       642
     +   16

4.   723
       436
        19
     +   8

5.   346
       453
       964
     + 234

6.   6
        17
       418
     + 234

7.   362 + 436 + 317 =

8.   27 + 44 + 63 + 73 =

9.   Encuentra la suma de 334, 616 y 743.

10.   Encuentra la suma de 16, 19 y 47.

Resolución de problemas	Hay 33 estudiantes en la clase del Sr. Jones, 41 en la clase de la Sra. Martínez y 26 en la clase del Sr. Kelly. ¿Cuántos estudiantes hay en total en las tres clases?

Los números naturales

La suma de números grandes

+

1.
$$\begin{array}{r} 36 \\ 43 \\ + 16 \\ \hline \end{array}$$

2.
$$\begin{array}{r} 367 \\ 19 \\ + 437 \\ \hline \end{array}$$

x

3. $863 + 964 + 17 =$

4. Encuentra la suma de 16, 19, 24 y 36

Pistas útiles

Cuando escribas números grandes, pon una coma cada tres numerales, comenzando por el lado derecho. Esto hace que sea más fácil leerlos.

Por ejemplo: 21 millones, 234 mil, 416

21,234,416

S.
$$\begin{array}{r} 3,162 \\ 143 \\ + 3,647 \\ \hline \end{array}$$

S.
$$\begin{array}{r} 7,213 \\ 647 \\ + 22,134 \\ \hline \end{array}$$

1.
$$\begin{array}{r} 1,324,167 \\ + 2,146,179 \\ \hline \end{array}$$

2.
$$\begin{array}{r} 43,213 \\ 8,137 \\ + 72 \\ \hline \end{array}$$

3.
$$\begin{array}{r} 75,643 \\ 3,742 \\ + 76,419 \\ \hline \end{array}$$

4.
$$\begin{array}{r} 1,736,412 \\ 136,123 \\ + 7,423 \\ \hline \end{array}$$

5.
$$\begin{array}{r} 7,163 \\ 14,421 \\ 6,745 \\ + 14,123 \\ \hline \end{array}$$

6.
$$\begin{array}{r} 63,742 \\ 1,235 \\ 16,347 \\ + 2,425 \\ \hline \end{array}$$

7. Encuentra la suma de 1,342, 176 y 13,417.

8. $17,432 + 7,236 + 6,432 + 16 =$

9. $3,672 + 9,876 + 3,712 + 16 =$

10. Encuentra la suma de 72,341, 2,342 y 7,963

1	
2	
3	
4	
5	
6	
7	
8	
9	
10	
Puntaje	

Resolución de problemas

Un estado tiene una población de 792,113 y otro estado tiene una población de 2,132,415. Un tercer estado tiene una población de 1,615,500 habitantes. ¿Cuál es la población total de los tres estados?

Los números naturales

Ejercicios veloces	Ejercicios de repaso

+

1. 362
    + 75

2. 723
    + 12

x

3.   72
   x   3

4.   6
      4
    + 2

Pistas útiles	1. Alinea los números en el lado derecho. 2. Suma las unidades primero. 3. Recuerda de reagrupar cuando sea necesario.

S. 342
    63
 + 512

S. 436
    632
 + 416

1.   42
     53
  + 16

2. 716
    72
 + 314

	1	

3. 616
    724
    642
 + 16

4. 723
    436
    19
 +   8

5. 346
    453
    964
 + 234

6.   6
      17
      418
    + 234

	2	
	3	
	4	
	5	
	6	
	7	

7.   362 + 436 + 317 =

8.   27 + 44 + 63 + 73 =

9.   Encuentra la suma de 334, 616 y 743.

10. Encuentra la suma de 16, 19 y 47.

	8	
	9	
	10	
	Puntaje	

Resolución de problemas	Hay 33 estudiantes en la clase del Sr. Jones, 41 en la clase de la Sra. Martínez y 26 en la clase del Sr. Kelly. ¿Cuántos estudiantes hay en total en las tres clases?

Ejercicios veloces	Ejercicios de repaso

+

X

1.   36
      43
   + 16

2.   367
       19
   + 437

3.   863 + 964 + 17 =

4. Encuentra la suma de 16, 19, 24 y 36

Pistas útiles	Cuando escribas números grandes, pon una coma cada tres numerales, comenzando por el lado derecho. Esto hace que sea más fácil leerlos.	**Por ejemplo:** 21 millones, 234 mil, 416 21,234,416

S.   3,162
       143
    +3,647

S.   7,213
       647
   + 22,134

1. 1,324,167
   + 2,146,179

2.   43,213
      8,137
   +   72

3. 75,643
     3,742
   +76,419

4. 1,736,412
     136,123
   +   7,423

5.   7,163
       14,421
        6,745
    + 14,123

6.   63,742
      1,235
     16,347
   + 2,425

7. Encuentra la suma de 1,342, 176 y 13,417.

8. 17,432 + 7,236 + 6,432 + 16 =

9. 3,672 + 9,876 + 3,712 + 16 =

10. Encuentra la suma de 72,341, 2,342 y 7,963

1	
2	
3	
4	
5	
6	
7	
8	
9	
10	
Puntaje	

Resolución de problemas	Un estado tiene una población de 792,113 y otro estado tiene una población de 2,132,415. Un tercer estado tiene una población de 1,615,500 habitantes. ¿Cuál es la población total de los tres estados?

6

Los números naturales

Ejercicios veloces	Ejercicios de repaso

+

x

1. $\begin{array}{r} 3{,}163 \\ 424 \\ + \ 6{,}734 \\ \hline \end{array}$

2. Encuentra la suma de 1,234, 32,164 y 7,321

3. $\begin{array}{r} 76{,}723 \\ 15{,}342 \\ + \ 6{,}412 \\ \hline \end{array}$

4. $3{,}426 + 73{,}164 + 17 + 17{,}650 =$

Pistas útiles	1. Alinea los números en el lado derecho. 2. Resta las unidades primero. 3. Reagrupar cuando sea necesario.	* "Encuentra la diferencia" significa restar. "Muestra cuánto más" significa restar.

S. $\begin{array}{r} 643 \\ - \ 162 \\ \hline \end{array}$

S. $\begin{array}{r} 3{,}224 \\ - \ 763 \\ \hline \end{array}$

1. $\begin{array}{r} 312 \\ - \ 71 \\ \hline \end{array}$

2. $\begin{array}{r} 716 \\ - \ 317 \\ \hline \end{array}$

3. $\begin{array}{r} 7{,}163 \\ - \ 778 \\ \hline \end{array}$

4. $\begin{array}{r} 7{,}121 \\ - \ 1{,}244 \\ \hline \end{array}$

5. $\begin{array}{r} 1{,}493 \\ - \ 846 \\ \hline \end{array}$

6. $\begin{array}{r} 4{,}492 \\ - \ 1299 \\ \hline \end{array}$

1	
2	
3	
4	
5	
6	
7	
8	
9	
10	
Puntaje	

7. Encuentra la diferencia entre 124 y 86.

8. Resta 426 de 3,496.

9. $7{,}146 - 747 =$

10. 986 ¿es cuánto más que 647?

Resolución de problemas	La escuela Monroe tiene 712 alumnos y la escuela Jefferson tiene 467 alumnos. ¿Cuántos alumnos más tiene la escuela Monroe que la escuela Jefferson?

Ejercicios veloces	Ejercicios de repaso

+

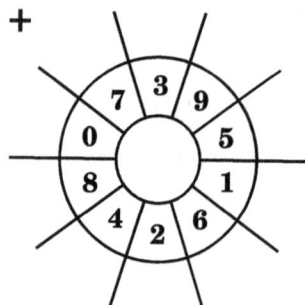

1.
$$376$$
$$427$$
$$+\ 363$$

2. $716 - 142 =$

X

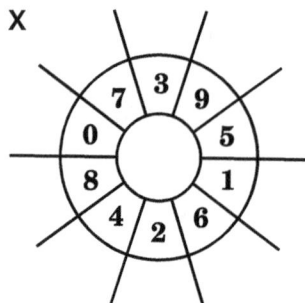

3. $3{,}172 + 76 + 7{,}263 =$

4.
$$6{,}413$$
$$-\ 764$$

Pistas útiles

1. Alinea los números en el lado derecho.
2. Resta las unidades primero.
3. Algunas veces será necesario reagrupar más de una vez.

Ejemplos:

$$\begin{array}{r} {}^{6}\!\!\not{7}{,}{}^{10}\!\!\not{1}{}^{9}\!\!\not{0}{}^{1}\!\!3 \\ -\ 677 \\ \hline 6{,}426 \end{array}$$

$$\begin{array}{r} {}^{5}\!\!\not{8}{,}{}^{9}\!\!\not{0}{}^{9}\!\!\not{0}{}^{1}\!\!\not{0} \\ -1{,}634 \\ \hline 4{,}366 \end{array}$$

S.
$$701$$
$$-\ 267$$

S.
$$600$$
$$-\ 379$$

1.
$$70$$
$$-\ 54$$

2.
$$603$$
$$-\ 168$$

3.
$$5{,}013$$
$$-\ 1{,}405$$

4.
$$500$$
$$-\ 236$$

5.
$$7{,}000$$
$$-\ 634$$

6.
$$3{,}102$$
$$-1{,}634$$

7. Resta 7,632 de 12,864

8. Encuentra la diferencia entre 13,601 y 76,021.

9. $76{,}102 - 62{,}234 =$

10. ¿Qué número es 7,001 menos que 9,000?

1	
2	
3	
4	
5	
6	
7	
8	
9	
10	
Puntaje	

Resolución de problemas

Una compañía ganó 96,012 dólares en su primer año y 123,056 dólares en su segundo año. ¿Cuánto más ganó la compañía en su segundo año que en su primer año?

Los números naturales

Ejercicios veloces	Ejercicios de repaso

+

1.
$$701 - 637$$

2.
$$7,102 - 673$$

x

3.
$$343,672$$
$$72,164$$
$$+ 736,243$$

4.
$$5,000 - 467 =$$

Pistas útiles | Usa lo que has aprendido para resolver los siguientes problemas.

S.
$$743$$
$$7,614$$
$$16,321$$
$$+ 5,032$$

S.
$$5,001 - 1,346$$

1.
$$346$$
$$25$$
$$+ 176$$

2.
$$716 - 143$$

1	
2	
3	
4	

3.
$$4,216$$
$$764$$
$$+ 5,123$$

4.
$$3,732,246 + 3,510,762$$

5.
$$7,101 - 1,436$$

6. Find the difference between 1,964 and 768.

5	
6	
7	

7. $17,023 - 13,605 =$.

8. Encuentra la suma de 236, 742 y 867.

9. ¿Cuánto más es 763 que 147?

10. $72,163 + 16,432 + 1,963 =$

8	
9	
10	
Puntaje	

Resolución de problemas | Un teatro tiene 905 asientos. Si 693 de estos asientos están ocupados por personas, ¿Cuántos asientos están disponibles?

Los números naturales

La multiplicación por factores de 1 dígito

+

x

1. $\begin{array}{r} 6{,}032 \\ -\ 1{,}647 \end{array}$

2. $364 + 72 + 167 + 396 =$

3. Encuentra la diferencia entre 760 y 188.

4. $9{,}000 - 3{,}287 =$

Pistas útiles	1. Alinea los números al lado derecho. 2. Multiplica las unidades primero. 3. Reagrupa cuando sea necesario. 4. "Producto" significa multiplicar.	**Ejemplos:** $\begin{array}{r} {\scriptstyle 1\ 1} \\ 644 \\ \times\ \ \ 3 \\ \hline 1{,}932 \end{array}$ $\begin{array}{r} {\scriptstyle 3\ 2} \\ 6{,}076 \\ \times\ \ \ 4 \\ \hline 24{,}304 \end{array}$

S. $\begin{array}{r} 423 \\ \times\ \ 3 \\ \hline \end{array}$

S. $\begin{array}{r} 2{,}345 \\ \times\ \ \ 6 \\ \hline \end{array}$

1. $\begin{array}{r} 67 \\ \times\ \ 3 \\ \hline \end{array}$

2. $\begin{array}{r} 74 \\ \times\ \ 6 \\ \hline \end{array}$

3. $\begin{array}{r} 764 \\ \times\ \ 3 \\ \hline \end{array}$

4. $\begin{array}{r} 3{,}142 \\ \times\ \ \ 6 \\ \hline \end{array}$

5. $\begin{array}{r} 2{,}036 \\ \times\ \ \ 8 \\ \hline \end{array}$

6. $\begin{array}{r} 3{,}427 \\ \times\ \ \ 6 \\ \hline \end{array}$

7. $8{,}058 \times 7 =$

8. $7 \times 7{,}643 =$

9. Encuentra el producto de 9,746 y 6.

10. Multiplica 9 por 13,708.

1	
2	
3	
4	
5	
6	
7	
8	
9	
10	
Puntaje	

Resolución de problemas	Si hay 365 días en un año, ¿cuántos días hay en seis años?

Ejercicios veloces

+

x

Pistas útiles

Ejercicios de repaso

1.
$$\begin{array}{r} 342 \\ \times\ \ \ 6 \\ \hline \end{array}$$

2.
$$\begin{array}{r} 2034 \\ \times\ \ \ 7 \\ \hline \end{array}$$

3.
$$\begin{array}{r} 7{,}103 \\ -\ 1{,}664 \\ \hline \end{array}$$

4.
$$\begin{array}{r} 32{,}173 \\ 1{,}424 \\ +\ 3{,}456 \\ \hline \end{array}$$

1. Alinea los números al lado derecho.
2. Multiplica las unidades primero.
3. Multiplica las decenas a continuación.
4. Suma los dos productos.

Ejemplos:
$$\begin{array}{r} 43 \\ \times\ 32 \\ \hline 86 \\ 1290 \\ \hline 1{,}376 \end{array}$$

$$\begin{array}{r} 437 \\ \times\ 26 \\ \hline 2622 \\ 8740 \\ \hline 11{,}362 \end{array}$$

S.
$$\begin{array}{r} 46 \\ \times\ 23 \\ \hline \end{array}$$

S.
$$\begin{array}{r} 146 \\ \times\ 42 \\ \hline \end{array}$$

1.
$$\begin{array}{r} 73 \\ \times\ 62 \\ \hline \end{array}$$

2.
$$\begin{array}{r} 75 \\ \times\ 16 \\ \hline \end{array}$$

3.
$$\begin{array}{r} 47 \\ \times\ 36 \\ \hline \end{array}$$

4.
$$\begin{array}{r} 534 \\ \times\ 25 \\ \hline \end{array}$$

5.
$$\begin{array}{r} 237 \\ \times\ 30 \\ \hline \end{array}$$

6.
$$\begin{array}{r} 807 \\ \times\ 36 \\ \hline \end{array}$$

1	
2	
3	
4	
5	
6	
7	
8	
9	
10	
Puntaje	

7. Encuentra el producto de 16 y 28.

8. $38 \times 26 =$

9. ¿Cuánto más es 763 que 147?

10. $320 \times 49 =$

Resolución de problemas

Una escuela tiene veintiséis salas de clases. Si cada sala de clases necesita 32 escritorios, ¿cuántos escritorios se necesitan en total?

Ejercicios veloces

Ejercicios de repaso

+

x

**Pistas
útiles**

1.
$$23$$
$$\times\ 46$$

2.
$$402$$
$$\times\ 36$$

3.
$$7{,}205$$
$$-\ 1{,}637$$

4.
$$335$$
$$63$$
$$426$$
$$+\ 173$$

1. Alinea los números al lado derecho.
2. Multiplica las unidades primero.
3. Multiplica las decenas a continuación.
4. Multiplica las centenas al último.
5. Suma los productos.

Ejemplos:

$$243$$
$$\times\ 346$$
$$1458$$
$$9720$$
$$72900$$
$$84{,}078$$

$$673$$
$$\times\ 307$$
$$4711$$
$$0000$$
$$201900$$
$$206{,}611$$

1	
2	
3	
4	
5	
6	
7	
8	
9	
10	
Puntaje	

S.
$$132$$
$$\times\ 234$$

S.
$$623$$
$$\times\ 542$$

1.
$$233$$
$$\times\ 215$$

2.
$$326$$
$$\times\ 514$$

3.
$$143$$
$$\times\ 203$$

4.
$$246$$
$$\times\ 403$$

5.
$$324$$
$$\times\ 616$$

6.
$$263$$
$$\times\ 300$$

7. $361 \times 423 =$

8.   Encuentra el producto de 306 y 427.

9.   Multiplica 600 por 721.

10. $334 \times 466 =$

**Resolución
de problemas**

Una fábrica puede fabricar 215 autos en un día. ¿Cuántos autos
puede fabricar en 164 días?

12

Los números naturales   Repaso de la multiplicación de números naturales

Ejercicios veloces	Ejercicios de repaso

+

1.
$$\begin{array}{r} 306 \\ \times\ 7 \\ \hline \end{array}$$

2. Encuentra el producto de 24 y 36.

x

3.
$$\begin{array}{r} 7{,}736 \\ 493 \\ +2{,}615 \\ \hline \end{array}$$

4. Encuentra la diferencia entre 2,174 y 636.

Pistas útiles	Usa lo que has aprendido para resolver los siguientes problemas.

S.
$$\begin{array}{r} 316 \\ \times\ 24 \\ \hline \end{array}$$

S.
$$\begin{array}{r} 604 \\ \times\ 423 \\ \hline \end{array}$$

1.
$$\begin{array}{r} 27 \\ \times\ 6 \\ \hline \end{array}$$

2.
$$\begin{array}{r} 603 \\ \times\ 7 \\ \hline \end{array}$$

3.
$$\begin{array}{r} 3{,}612 \\ \times\ 9 \\ \hline \end{array}$$

4.
$$\begin{array}{r} 63 \\ \times 72 \\ \hline \end{array}$$

5.
$$\begin{array}{r} 263 \\ \times\ 54 \\ \hline \end{array}$$

6.
$$\begin{array}{r} 242 \\ \times\ 643 \\ \hline \end{array}$$

7. Encuentra el producto de 12 y 473.

8. 600 x 748 =

9. 22 x 410 =

10. 706 x 304 =

1	
2	
3	
4	
5	
6	
7	
8	
9	
10	
Puntaje	

Resolución de problemas	Cada paquete de papel contiene 500 hojas. ¿Cuántas hojas de papel hay en 24 paquetes?

Ejercicios veloces

+

x

Pistas útiles

Ejercicios de repaso

1. $\begin{array}{r} 712 \\ -\ 463 \\ \hline \end{array}$ 2. $\begin{array}{r} 320 \\ \times\ 6 \\ \hline \end{array}$

3. $\begin{array}{r} 65{,}426 \\ +\ 73{,}437 \\ \hline \end{array}$ 4.   Encuentra el producto de 26 y 37.

1. Divide   **Ejemplos:**
2. Multiplica
3. Resta
4. Comienza de nuevo

$$3\overline{)47} \quad \begin{array}{l} 15\,r2 \\ \end{array}$$

$$\begin{array}{r} 15\,r2 \\ 3\overline{)47} \\ -\ 3\downarrow \\ \hline 17 \\ -\ 15 \\ \hline 2 \end{array} \qquad \begin{array}{r} 9\,r5 \\ 6\overline{)59} \\ -\ 54 \\ \hline 5 \end{array}$$

¡Recuerda! ¡El resto debe ser menor que el divisor.

S. $3\overline{)16}$ S. $7\overline{)69}$ 1. $4\overline{)34}$ 2. $8\overline{)43}$

3. $7\overline{)87}$ 4. $6\overline{)93}$ 5. $8\overline{)97}$ 6. $6\overline{)43}$

7. $66 \div 7 =$

8. $97 \div 4 =$

9. $\dfrac{61}{5} =$

10. $\dfrac{37}{2} =$

1	
2	
3	
4	
5	
6	
7	
8	
9	
10	
Puntaje	

Resolución de problemas   Un maestro necesita 72 reglas para su clase. Si las reglas vienen en cajas que contienen 6 reglas, ¿cuántas cajas necesita el maestro?

Ejercicios veloces	Ejercicios de repaso

+

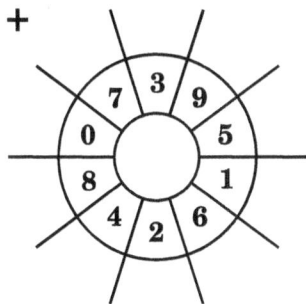

x

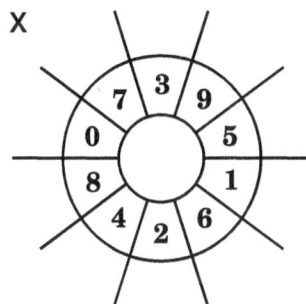

Pistas útiles

Ejercicios de repaso

1. $6\overline{)39}$

2. $5\overline{)79}$

3. $7 \times 2{,}134 =$

4. $6{,}000 - 768 =$

1. Divide
2. Multiplica
3. Resta
4. Comienza de nuevo

Ejemplos:

$$171\ r2$$
$$3\overline{)515}$$
$$-3\downarrow\downarrow$$
$$\overline{21}$$
$$-21$$
$$\overline{05}$$
$$-3$$
$$\overline{2}$$

$$203$$
$$4\overline{)812}$$
$$-8\downarrow\downarrow$$
$$\overline{01}$$
$$-0$$
$$\overline{12}$$
$$-12$$
$$\overline{0}$$

¡Recuerda! ¡El resto debe ser menor que el divisor.

S. $3\overline{)432}$ S. $6\overline{)237}$ 1. $3\overline{)952}$ 2. $2\overline{)819}$

3. $7\overline{)924}$ 4. $6\overline{)817}$ 5. $5\overline{)727}$ 6. $6\overline{)950}$

7. $4\overline{)484}$ 8. $9\overline{)886}$ 9. $8\overline{)979}$ 10. $6\overline{)953}$

1	
2	
3	
4	
5	
6	
7	
8	
9	
10	
Puntaje	

Resolución de problemas

Un teatro tiene 325 asientos. Los asientos están ubicados en 9 filas iguales. ¿Cuántos asientos hay en cada fila? ¿Cuántos asientos sobran?

Los números naturales

Ejercicios veloces

+

x

Pistas útiles

Ejercicios de repaso

1. $3\overline{)79}$

2. $6\overline{)557}$

3. $\begin{array}{r} 46 \\ \times\ 23 \\ \hline \end{array}$

4. Encuentra la diferencia entre 236 y 84.

Ejemplos:

1. Divide
2. Multiplica
3. Resta
4. Comienza de nuevo

$$\begin{array}{r} 1708 \\ 3\overline{)5124} \\ -\ 3\downarrow\downarrow\downarrow \\ \hline 21 \\ -\ 21 \\ \hline 02 \\ -\ 0 \\ \hline 24 \\ -\ 24 \\ \hline 0 \end{array}$$

$$\begin{array}{r} 448\ r2 \\ 4\overline{)1794} \\ -\ 16\downarrow\downarrow \\ \hline 19 \\ -\ 16 \\ \hline 34 \\ -\ 32 \\ \hline 2 \end{array}$$

¡Recuerda! ¡El resto debe ser menor que el divisor.

S. $3\overline{)7062}$ S. $4\overline{)3452}$ 1. $2\overline{)1132}$ 2. $2\overline{)6743}$

3. $7\overline{)7854}$ 4. $6\overline{)2319}$ 5. $5\overline{)6555}$ 6. $4\overline{)5995}$

7. $7\overline{)73,172}$ 8. $2\overline{)23,960}$ 9. $7\overline{)71,345}$ 10. $6\overline{)32,106}$

1	
2	
3	
4	
5	
6	
7	
8	
9	
10	
Puntaje	

Resolución de problemas

La Sra. Arnold ha horneado 1,296 galletas. Si las pone en cajas que tienen 9 galletas cada una, ¿cuántas cajas necesita?

Los números naturales

Repaso de la división por divisores de 1 dígito

Ejercicios veloces	Ejercicios de repaso

+

1. $7\overline{)1422}$

2.
$$\begin{array}{r} 206 \\ \times\ 36 \\ \hline \end{array}$$

X

3.
$$\begin{array}{r} 710 \\ -\ 167 \\ \hline \end{array}$$

4. $3{,}752 + 17{,}343 + 964 =$

Pistas útiles

1. Divide
2. Multiplica
3. Resta
4. Comienza de nuevo

* Los restos deben ser menores que el divisor
* A veces, hay ceros que pueden aparecer en el cociente

S. $3\overline{)245}$ S. $8\overline{)8568}$ 1. $6\overline{)302}$ 2. $5\overline{)7500}$

3. $3\overline{)6314}$ 4. $9\overline{)3767}$ 5. $7\overline{)1563}$ 6. $8\overline{)716}$

7. $6\overline{)1817}$ 8. $6\overline{)4793}$ 9. $6\overline{)6007}$ 10. $8\overline{)3207}$

1	
2	
3	
4	
5	
6	
7	
8	
9	
10	
Puntaje	

Resolución de problemas

Seis personas en un club vendieron el mismo número de boletos. Si vendieron 636 boletos en total, ¿cuántos boletos vendió cada persona?

Ejercicios veloces	Ejercicios de repaso

+

x

Pistas útiles

1.   7)‾818‾

2.   2,003 − 765 =

3.   453
     x 600

4.   4)‾4003‾

1. Divide
2. Multiplica
3. Resta
4. Comienza de nuevo

Ejemplos:

$$\begin{array}{r} 12\ r49 \\ 60\ \overline{)769} \\ -\ 60\downarrow \\ \hline 169 \\ -\ 120 \\ \hline 49 \end{array}$$

$$\begin{array}{r} 44\ r5 \\ 40\ \overline{)1765} \\ -\ 160\downarrow \\ \hline 165 \\ -\ 160 \\ \hline 5 \end{array}$$

S. 30)‾187‾   S. 40)‾5342‾   1. 70)‾342‾   2. 60)‾399‾

3. 50)‾463‾   4. 50)‾727‾   5. 30)‾1763‾   6. 20)‾1423‾

7. 50)‾8324‾   8. 90)‾9281‾   9. 50)‾4751‾   10. 50)‾2526‾

1	
2	
3	
4	
5	
6	
7	
8	
9	
10	
Puntaje	

Resolución de problemas

Una panadería pone galletas en cajas de 20 galletas cada una. Si hornearon 1,720 galletas, ¿cuántas cajas se necesitan?

Los números naturales

Ejercicios veloces	Ejercicios de repaso

+

x

Pistas útiles

1.
$$643$$
$$76$$
$$+\ 492$$

2.
$$403$$
$$-\ 247$$

3.
$$675$$
$$x\ 32$$

4. $7\overline{)8172}$

A veces es más fácil redondear mentalmente el divisor al múltiplo de 10 más cercano.

Por ejemplo:

$$32\ r11$$
$$22\overline{)715}$$
$$-\ 66\downarrow$$
$$55$$
$$-\ 44$$
$$11$$

Piensa en

$$20\overline{)715}$$

S. $31\overline{)672}$ S. $22\overline{)684}$ 1. $41\overline{)927}$ 2. $28\overline{)603}$

3. $68\overline{)743}$ 4. $93\overline{)692}$ 5. $43\overline{)913}$ 6. $31\overline{)984}$

7. $62\overline{)724}$ 8. $43\overline{)501}$ 9. $21\overline{)946}$ 10. $41\overline{)866}$

1	
2	
3	
4	
5	
6	
7	
8	
9	
10	
Puntaje	

Resolución de problemas

Hay 426 estudiantes en una escuela. Si hay 32 estudiantes en cada clase, ¿cuántas clases hay?

Los números naturales

Ejercicios veloces

+

x

Ejercicios de repaso

1. $2 \overline{)716}$ 2. $30 \overline{)524}$

3. $31 \overline{)671}$ 4. $39 \overline{)791}$

Pistas útiles	A veces es necesario corregir tu estimación.	**Por ejemplo:**

$$\begin{array}{r} 6 \\ 63 \overline{)374} \\ -378 \\ \end{array}$$ Demasiado grande

$$\begin{array}{r} 5 \ r60 \\ 63 \overline{)375} \\ -315 \\ \hline 60 \end{array}$$

S. $74 \overline{)293}$ S. $43 \overline{)821}$ 1. $38 \overline{)197}$ 2. $87 \overline{)522}$

3. $18 \overline{)997}$ 4. $21 \overline{)178}$ 5. $32 \overline{)163}$ 6. $14 \overline{)886}$

7. $34 \overline{)649}$ 8. $42 \overline{)829}$ 9. $36 \overline{)721}$ 10. $18 \overline{)787}$

1	
2	
3	
4	
5	
6	
7	
8	
9	
10	
Puntaje	

Resolución de problemas	Si cada caja de huevos tiene 36 huevos, ¿cuántos huevos hay en veinticuatro cajas?

Los números naturales   La división de números grandes por divisores de 2 dígitos

Ejercicios veloces	Ejercicios de repaso

+

1. 30 | 96

2. 40 | 542

x

3. 40 | 396

4. 57 | 361

Pistas útiles

Usa lo que has aprendido para resolver los siguientes problemas. Recuerda de redondear mentalmente tu divisor al múltiplo de diez más cercano.

Por ejemplo:
```
        216 r20
32 | 6932
   - 64↓↓
     53
   - 32
     212
   - 192
      20
```

Piensa en
```
30 | 6932
```

S. 44	9350 S. 31	6432 1. 23	2645 2. 41	9597	1
	2
	3
	4
3. 48	4896 4. 31	4133 5. 27	8191 6. 18	5508	5
	6
	7
7. 21	1537 8. 32	1286 9. 49	2222 10. 25	1049	8
	9
	10
	Puntaje

Resolución de problemas

Dieciséis fardos de heno pesan un total de 2,000 libras. ¿Cuántos pesa cada fardo si todos son del mismo tamaño?

Los números naturales

Ejercicios veloces	Ejercicios de repaso

+

x

1. $3\overline{)72}$　　　　2. $6\overline{)1792}$

3. $40\overline{)5436}$　　　　4. $21\overline{)899}$

Pistas útiles	Usa lo que has aprendido para resolver los siguientes problemas.	**Por ejemplo:** * Redondea mentalmente los divisores de 2 dígitos al múltiplo de 10 más cercano. * Los restos deben ser menores que el divisor.

S. $81\overline{)7816}$　S. $28\overline{)1661}$　1. $2\overline{)87}$　2. $7\overline{)1936}$

3. $5\overline{)5127}$　4. $30\overline{)547}$　5. $70\overline{)196}$　6. $40\overline{)3379}$

7. $38\overline{)9699}$　8. $23\overline{)2633}$　9. $61\overline{)2,222}$　10. $32\overline{)7049}$

1	
2	
3	
4	
5	
6	
7	
8	
9	
10	
Puntaje	

Resolución de problemas	Un auto da 32 millas por galón. ¿Cuántos galones de gasolina se necesitan para viajar 512 millas?

22

Repaso de todas las operaciones de los números naturales

1.
```
   342
    53
+ 616
```

2.
```
   746
   716
   823
+ 634
```

3. $7,362 + 775 + 72,516 =$

4. $7,013 + 2,615 + 776 + 29 =$

5. $7,001 + 696 + 18 + 732 =$

6.
```
   743
 - 367
```

7.
```
  5,282
 - 1,367
```

8. $7,052 - 2,637 =$

9. $6,000 - 3,678 =$

10. $7,001 - 678 =$

11.
```
   76
  x 3
```

12.
```
  7,653
   x 4
```

13.
```
   53
 x 46
```

14.
```
  627
 x 36
```

15.
```
  673
 x 346
```

16. $3\overline{)425}$

17. $6\overline{)1697}$

18. $30\overline{)769}$

19. $42\overline{)8992}$

20. $28\overline{)1577}$

	Nombre
1	
2	
3	
4	
5	
6	
7	
8	
9	
10	
11	
12	
13	
14	
15	
16	
17	
18	
19	
20	

Ejercicios veloces	Ejercicios de repaso

+

x

1. 701
    — 267

2. 337
    756
    + 63

3. 3) 4162

4. 48
    x 27

Pistas útiles

Una fracción es un número que nombra una parte de un todo o de un grupo

Por ejemplo:

$\bigcirc = \dfrac{3 \leftarrow \text{numerador}}{4 \leftarrow \text{denominador}}$

* Piensa que ¾ significa $\dfrac{3 \text{ de}}{4 \text{ partes iguales}}$

Escribe una fracción para cada figura sombreada (algunas pueden tener más de un nombre).

S.

S.

1.

2.

3.

4.

5.

6.

7.

8.

9.

10.

1	
2	
3	
4	
5	
6	
7	
8	
9	
10	
Puntaje	

Resolución de problemas

Si una caja de lápices de colores tiene 24 lápices, ¿cuántos lápices hay en dieciséis cajas?

Las fracciones

Cómo expresarlas en la forma más simple

+

X

1. $7 \times 306 =$

2. $72 + 316 + 726 =$

3. $810 - 316 =$

4. $20 \overline{)317}$

Pistas útiles

$\bigotimes = \dfrac{2}{4} = \dfrac{1}{2}$

2/4 ha sido reducido a su forma más simple, que es ½.
Divide el numerador y el denominador por el mayor número posible.

Ejemplos: $2\overline{)\dfrac{6}{8}} = \dfrac{3}{4}$

Algunas veces se puede usar más de un paso:

$2\overline{)\dfrac{24}{28}} = 2\overline{)\dfrac{12}{14}} = \dfrac{6}{7}$

S. $\dfrac{5}{10} =$

S. $\dfrac{12}{16} =$

1. $\dfrac{12}{15} =$

2. $\dfrac{15}{20} =$

3. $\dfrac{10}{20} =$

4. $\dfrac{20}{25} =$

5. $\dfrac{12}{18} =$

6. $\dfrac{16}{24} =$

7. $\dfrac{24}{40} =$

8. $\dfrac{20}{32} =$

9. $\dfrac{15}{18} =$

10. $\dfrac{18}{24} =$

1	
2	
3	
4	
5	
6	
7	
8	
9	
10	
Puntaje	

Resolución de problemas

Si hay 24 lápices de colores en cada caja, ¿cuántos lápices de colores hay en 2½ cajas?

Ejercicios veloces	Ejercicios de repaso

+

x

1. ¿Qué fracción de la figura está sombreada?

2. Reduce 6/9 a sus términos más sencillos

3. 32 $\overline{)679}$

4. $\begin{array}{r} 216 \\ \times\ 304 \\ \hline \end{array}$

Pistas útiles

Una fracción impropia tiene un numerador que es igual o mayor que su denominador. Las fracciones impropias pueden escribirse ya sea como números enteros o como números mixtos (un número entero positivo y una fracción).

Por ejemplo: $\bigcirc\bigcirc\bigcirc\bigcirc = \dfrac{7}{2} = 3\dfrac{1}{2}$

* Divide el numerador por el denominador

$2\overline{\smash)\begin{array}{r}3 \\ 7 \\ 6 \\ \hline 1\end{array}} = 3\dfrac{1}{2}$

Cambia cada fracción impropia a un número mixto o un número entero positivo.

S. $\dfrac{7}{4} =$

S. $\dfrac{9}{6} =$

1. $\dfrac{10}{4} =$

2. $\dfrac{10}{7} =$

3. $\dfrac{30}{15} =$

4. $\dfrac{24}{5} =$

5. $\dfrac{18}{4} =$

6. $\dfrac{36}{12} =$

7. $\dfrac{45}{10} =$

8. $\dfrac{38}{6} =$

9. $\dfrac{12}{8} =$

10. $\dfrac{60}{25} =$

1	
2	
3	
4	
5	
6	
7	
8	
9	
10	
Puntaje	

Resolución de problemas

El sábado 20,136 personas fueron al zoológico y el domingo, fueron 17,308 personas. ¿Cuántas personas más fueron el sábado que el domingo?

Ejercicios veloces	Ejercicios de repaso

+

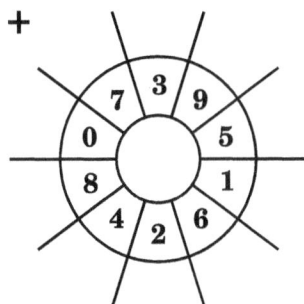

x

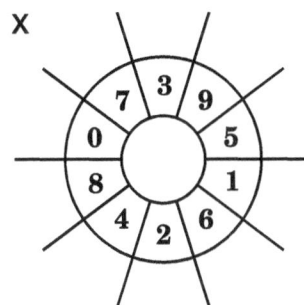

1. Cambia 9/7 a un número mixto.

2. Cambia 25/20 a un número mixto.

3. Reduce 25/35 a sus términos más sencillos.

4. ¿Qué fracción de la figura está sombreada?

Pistas útiles

Para sumar fracciones con el mismo denominador, primero suma los numeradores y luego hazte las siguientes preguntas acerca de tu resultado: 1. ¿Es el resultado una fracción impropia? Si lo es, conviértelo a un número mixto o a un número entero positivo. 2. ¿Se puede reducir la fracción? Si se puede, redúcela a sus términos más sencillos.

Por ejemplo:

$$\frac{7}{10}$$
$$+\frac{5}{10}$$
$$\overline{12/10 = 1\ 2/10 = 1\ 1/5}$$

S. $\frac{1}{10}$ $+\frac{5}{10}$

S. $\frac{3}{7}$ $+\frac{5}{7}$

1. $\frac{7}{12}$ $+\frac{2}{12}$

2. $\frac{3}{8} + \frac{3}{8}$

3. $\frac{2}{5}$ $+\frac{1}{5}$

4. $\frac{5}{12}$ $+\frac{1}{12}$

5. $\frac{5}{8}$ $+\frac{5}{8}$

6. $\frac{11}{16}$ $+\frac{13}{16}$

7. $\frac{1}{3}$ $\frac{2}{3}$ $+\frac{2}{3}$

8. $\frac{1}{4}$ $\frac{3}{4}$ $+\frac{3}{4}$

9. $\frac{7}{8}$ $+\frac{7}{8}$

10. $\frac{5}{6}$ $+\frac{5}{6}$

1	
2	
3	
4	
5	
6	
7	
8	
9	
10	
Puntaje	

Resolución de problemas

En la escuela Lincoln 1/9 de los estudiantes van a la escuela en sus bicicletas y 5/9 caminan hasta la escuela o van en sus bicicletas. ¿Qué fracción de los niños camina o va en su bicicleta? (Asegúrate que tu respuesta esté en sus términos más sencillos.)

Ejercicios veloces	Ejercicios de repaso

+

x

1.

$$\frac{2}{5}$$
$$+ \frac{1}{5}$$
$$\overline{}$$

2. $60 \overline{)729}$

3.

$$\frac{7}{10}$$
$$+ \frac{5}{10}$$
$$\overline{}$$

4. $7 + 19 + 342 =$

Pistas útiles

1. Primero suma las fracciones.
3. Si hay una fracción impropia, cámbiala a un número mixto.
4. Suma los números mixtos al número entero positivo.

Por ejemplo: $6\frac{7}{8}$
$+ 2\frac{5}{8}$

* Reduce las fracciones a sus términos más sencillos

$8\frac{12}{8} = 8 + 1\frac{4}{8} = 9\frac{4}{8} = 9\frac{1}{2}$

S. $3\frac{1}{4}$ $+ 2\frac{1}{4}$	S. $3\frac{5}{8}$ $+ 2\frac{3}{8}$	1. $3\frac{2}{5}$ $+ 4\frac{3}{5}$	2. $4\frac{3}{4}$ $+ 2\frac{3}{4}$	1	
				2	
				3	
3. $3\frac{7}{10}$ $+ 4\frac{3}{10}$	4. $5\frac{5}{6}$ $+ 2\frac{2}{6}$	5. $6\frac{7}{9}$ $+ 5\frac{5}{9}$	6. $3\frac{4}{5}$ $+ 2\frac{2}{5}$	4	
				5	
				6	
				7	
7. $5\frac{9}{10}$ $+ 3\frac{3}{10}$	8. $7\frac{5}{6}$ $+ 4\frac{4}{6}$	9. $7\frac{1}{2}$ $+ 2\frac{1}{2}$	10. $3\frac{5}{7}$ $+ 4\frac{3}{7}$	8	
				9	
				10	
				Puntaje	

Resolución de problemas

Un pastelero usa 7/8 de una taza de harina por cada pastel que él hornea y 3/8 de una taza de harina por cada tarta. ¿Cuánta harina usa para hornear 2 pasteles y 1 tarta?

28

Las fracciones

Ejercicios veloces	Ejercicios de repaso

+

x

1. Reduce 15/18 a sus términos más sencillos.

2. Cambia 19/5 a un número mixto.

3.
$$\frac{3}{4}$$
$$+\frac{3}{4}$$
_____

4.
$$2\frac{3}{5}$$
$$+4\frac{3}{5}$$
_____

Pistas útiles	Para restar fracciones que tienen el mismo denominador, resta los numeradores. Reduce el resultado a sus términos más sencillos.	**Por ejemplo:** $\frac{9}{10}$ $-\frac{3}{10}$ $\frac{6}{10} = \frac{3}{5}$

S. $\frac{7}{8}$ $-\frac{3}{8}$ _____

S. $\frac{3}{4}$ $-\frac{1}{4}$ _____

1. $\frac{5}{8}$ $-\frac{1}{8}$ _____

2. $\frac{9}{10}$ $-\frac{1}{10}$ _____

3. $\frac{7}{8}$ $-\frac{1}{8}$ _____

4. $\frac{8}{9} - \frac{2}{9} =$

5. $\frac{19}{20}$ $-\frac{4}{20}$ _____

6. $\frac{7}{11}$ $-\frac{3}{11}$ _____

7. $\frac{11}{12}$ $-\frac{5}{12}$ _____

8. $\frac{6}{7}$ $-\frac{1}{7}$ _____

9. $\frac{23}{24}$ $-\frac{13}{24}$ _____

10. $\frac{11}{16}$ $-\frac{7}{16}$ _____

1	
2	
3	
4	
5	
6	
7	
8	
9	
10	
Puntaje	

Resolución de problemas	John vive a 9/10 de una milla de la escuela. Si él ya ha caminado 3/10 de una milla, ¿qué distancia le queda por caminar?

Ejercicios veloces

+

×

Ejercicios de repaso

1. $\dfrac{3}{4}$
    $-\dfrac{1}{4}$
    ___

2. $\dfrac{3}{5}$
    $+\dfrac{3}{5}$
    ___

3. $2\dfrac{3}{8}$
    $+3\dfrac{1}{8}$
    ___

4. $1{,}708 - 765 =$

| **Pistas útiles** | Para restar números mixtos con el mismo denominador, primero resta las fracciones y luego los números naturales. Reduce las fracciones a sus términos más sencillos. Si las fracciones no se pueden restar en la forma en que están escritas, toma una unidad del número natural y aumenta la fracción. Luego resta. | **Ejemplos:** $7\dfrac{3}{4}$ $-2\dfrac{1}{4}$ $5\dfrac{2}{4}=5\dfrac{1}{2}$ | $6\dfrac{1}{4}+\dfrac{4}{4}=\dfrac{5}{4}$ $-2\dfrac{3}{4}$ $4\dfrac{2}{4}=4\dfrac{1}{2}$ |

S. $3\dfrac{3}{4}$
$-1\dfrac{1}{4}$
___

S. $5\dfrac{1}{3}$
$-2\dfrac{2}{3}$
___

1. $7\dfrac{5}{8}$
$-1\dfrac{3}{8}$
___

2. $6\dfrac{1}{4}$
$-1\dfrac{3}{4}$
___

3. $7\dfrac{7}{15}$
$-2\dfrac{11}{15}$
___

4. $8\dfrac{8}{9}$
$-2\dfrac{2}{9}$
___

5. $6\dfrac{4}{5}$
$-2\dfrac{2}{5}$
___

6. $7\dfrac{1}{10}$
$-3\dfrac{7}{10}$
___

7. $4\dfrac{1}{7}$
$-2\dfrac{1}{7}$
___

8. $7\dfrac{3}{10}$
$-4\dfrac{7}{10}$
___

9. $6\dfrac{1}{5}$
$-2\dfrac{3}{5}$
___

10. $7\dfrac{7}{15}$
$-4\dfrac{13}{15}$
___

1	
2	
3	
4	
5	
6	
7	
8	
9	
10	
Puntaje	

Resolución de problemas

Una mujer trabajó 2 2/3 horas el lunes y 3 2/3 horas el martes.
¿Cuántas horas trabajó en total?

Ejercicios veloces

+

X

Ejercicios de repaso

1. $\dfrac{1}{4}$

   $+\dfrac{1}{4}$

2. $\dfrac{3}{8}$

   $+\dfrac{7}{8}$

3. $4\dfrac{2}{3}$

   $+3\dfrac{2}{3}$

4. $6\dfrac{3}{4}$

   $+5\dfrac{3}{4}$

Pistas útiles

Para restar un número natural menos una fracción o un número mixto, toma una unidad del número natual y conviértelo en una fracción. Luego resta.

Ejemplos:

$$\overset{3}{\cancel{4}} \to \dfrac{4}{4}$$
$$-\,2\quad\dfrac{1}{4}$$
$$\overline{\qquad 1\dfrac{3}{4}}$$

$$\overset{6}{\cancel{7}} \to \dfrac{5}{5}$$
$$-\quad\dfrac{3}{5}$$
$$\overline{\qquad 6\dfrac{2}{5}}$$

S. 6

$-2\dfrac{3}{5}$

S. 7

$-\dfrac{3}{4}$

1. 6

$-2\dfrac{4}{7}$

2. 5

$-1\dfrac{3}{5}$

3. 7

$-\dfrac{2}{3}$

4. 6

$-2\dfrac{9}{10}$

5. 7

$-2\dfrac{1}{8}$

6. 16

$-12\dfrac{3}{8}$

7. 7

$-3\dfrac{7}{9}$

8. 4

$-3\dfrac{1}{2}$

9. 6

$-2\dfrac{3}{10}$

10. 5

$-\dfrac{3}{5}$

1	
2	
3	
4	
5	
6	
7	
8	
9	
10	
Puntaje	

Resolución de problemas

Un sastre tenía 7 yardas de tela. Usó 4 7/8 yardas para hacer un traje. ¿Cuántas yardas le quedaron?

Ejercicios veloces	Ejercicios de repaso

+

X

1. $\dfrac{7}{8}$
    $-\dfrac{2}{8}$

2. $\dfrac{3}{4}$
    $+\dfrac{1}{4}$

3. Cambia 14/10 a un número mixto.

4. Reduce 16/20 a sus términos más sencillos.

Pistas útiles

Usa lo que has aprendido para resolver los siguientes problemas. Reagrupa cuando sea necesario.

Reduce todos los resultados a sus términos más sencillos. Si los problemas se encuentran en posición horizontal, ponlos en columnas antes de resolverlos.

S. $2\dfrac{7}{10}$
    $+5\dfrac{5}{10}$

S. $7\dfrac{1}{3}$
    $-2\dfrac{2}{3}$

1. $\dfrac{7}{9}$
    $+\dfrac{3}{9}$

2. $\dfrac{15}{16}$
    $-\dfrac{3}{16}$

3. $3\dfrac{3}{5}$
    $+7\dfrac{3}{5}$

4. 7
    $-2\dfrac{1}{3}$

5. $6\dfrac{5}{8}$
    $-1\dfrac{1}{8}$

6. $5-\dfrac{1}{3}=$

7. $3\dfrac{7}{8}$
    $+4\dfrac{5}{8}$

8. $6\dfrac{1}{3}$
    $-1\dfrac{2}{3}$

9. $7\dfrac{1}{10}$
    $-3\dfrac{7}{10}$

10. $\dfrac{3}{5}+\dfrac{4}{5}+\dfrac{3}{5}=$

1	
2	
3	
4	
5	
6	
7	
8	
9	
10	
Puntaje	

Resolución de problemas

Una familia tiene 12 1/3 libras de carne en el congelador. Si usan 3 2/3 libras para su comida, ¿cuántas libras de carne quedan?

Ejercicios veloces	Ejercicios de repaso

+

X

1. Encuentra la suma de 4/5 y 3/5.

2. Encuentra la diferencia entre 7/8 y 3/8.

3.
$$7$$
$$- 2\frac{3}{4}$$
_____

4.
$$7\frac{3}{5}$$
$$- 4$$
_____

Pistas útiles	Para sumar o restar fracciones con denominadores distintos, primero necesitas encontrar su mínimo común denominador (MCD). El MCD es el número más pequeño (que no sea cero) que es divisible por los dos denominadores	**Ejemplos:** El MCD de $\frac{1}{5}$ y $\frac{1}{10}$ es 10 $\frac{3}{8}$ y $\frac{1}{6}$ es 24

Encuentra el mínimo común denominador de cada uno de los siguientes pares de fracciones:

S. $\frac{1}{3}$ y $\frac{3}{4}$ S. $\frac{3}{8}$ y $\frac{7}{12}$ 1. $\frac{1}{5}$ y $\frac{4}{15}$ 2. $\frac{5}{6}$ y $\frac{7}{9}$

3. $\frac{9}{14}$ y $\frac{1}{7}$ 4. $\frac{1}{8}, \frac{1}{6}$ y $\frac{1}{4}$ 5. $\frac{5}{9}, \frac{5}{6}$ y $\frac{7}{12}$ 6. $\frac{4}{5}$ y $\frac{1}{4}$

7. $\frac{1}{13}$ y $\frac{7}{39}$ 8. $\frac{5}{12}, \frac{7}{20}$ y $\frac{11}{60}$ 9. $\frac{11}{24}, \frac{3}{16}$ y $\frac{13}{48}$ 10. $\frac{1}{9}, \frac{5}{12}$ y $\frac{5}{6}$

1	
2	
3	
4	
5	
6	
7	
8	
9	
10	
Puntaje	

Resolución de problemas	Un avión puede viajar 4,500 millas en seis horas. ¿Cuál es su velocidad promedio?

Las fracciones

Ejercicios veloces

+

x

Pistas útiles

Ejercicios de repaso

1. $3\overline{)602}$

2. $\begin{array}{r} 43 \\ \times\ 36 \\ \hline \end{array}$

3. $36 + 7 + 309 =$

4. $600 - 139 =$

Para sumar o restar fracciones con denominadores distintos, encuentra el mínimo común denominador. Multiplica cada fracción por uno para hacer fracciones equivalentes. Finalmente, suma o resta

Ejemplos:

$$\frac{2}{5} \times \frac{2}{2} = \frac{4}{10}$$
$$+\frac{1}{2} \times \frac{5}{5} = \frac{5}{10}$$
$$\frac{9}{10}$$

$$\frac{5}{6} \times \frac{2}{2} = \frac{10}{12}$$
$$+\frac{1}{4} \times \frac{3}{3} = \frac{3}{12}$$
$$\frac{13}{12} = 1\frac{1}{12}$$

S. $\begin{array}{r} \frac{1}{3} \\ +\ \frac{1}{4} \\ \hline \end{array}$

S. $\begin{array}{r} \frac{4}{5} \\ -\ \frac{3}{10} \\ \hline \end{array}$

1. $\begin{array}{r} \frac{2}{9} \\ +\ \frac{1}{3} \\ \hline \end{array}$

2. $\begin{array}{r} \frac{2}{3} \\ -\ \frac{1}{2} \\ \hline \end{array}$

3. $\begin{array}{r} \frac{5}{6} \\ +\ \frac{1}{3} \\ \hline \end{array}$

4. $\begin{array}{r} \frac{2}{5} \\ +\ \frac{1}{3} \\ \hline \end{array}$

5. $\begin{array}{r} \frac{5}{6} \\ -\ \frac{5}{12} \\ \hline \end{array}$

6. $\begin{array}{r} \frac{1}{2} \\ +\ \frac{4}{7} \\ \hline \end{array}$

7. $\begin{array}{r} \frac{4}{5} \\ +\ \frac{7}{10} \\ \hline \end{array}$

8. $\begin{array}{r} \frac{3}{11} \\ +\ \frac{1}{2} \\ \hline \end{array}$

9. $\begin{array}{r} \frac{4}{7} \\ -\ \frac{1}{2} \\ \hline \end{array}$

10. $\begin{array}{r} \frac{8}{9} \\ +\ \frac{1}{4} \\ \hline \end{array}$

1	
2	
3	
4	
5	
6	
7	
8	
9	
10	
Puntaje	

Resolución de problemas

John compró 9 galones de pintura para pintar su casa. Si usó 5 3/8 galones, ¿cuánta pintura le queda?

Las fracciones

La suma de números mixtos con denominadores distintos

Ejercicios veloces	Ejercicios de repaso

+

X

1.   20 ⟌ 3762

2. $\dfrac{7}{8}$
   $- \dfrac{1}{8}$

3. $\dfrac{9}{10}$
   $+ \dfrac{1}{5}$

4. $\dfrac{3}{4}$
   $- \dfrac{1}{3}$

Pistas útiles

Cuando sumes números mixtos con denominadores distintos, primero suma las fracciones. Si hay una fracción impropia, transfórmala en un número mixto y luego súmala con la suma de los números enteros positivos.

*Reduce tu resultado a sus términos más sencillos.

Por ejemplo: $3\dfrac{2}{3} \times \dfrac{2}{2} = \dfrac{4}{6}$

$+ 2\dfrac{1}{2} \times \dfrac{3}{3} = \dfrac{3}{6}$

$5 \qquad \dfrac{7}{6} = 1\dfrac{1}{6} = 6\dfrac{1}{6}$

S. $3\dfrac{2}{3}$
   $+ 4\dfrac{1}{4}$

S. $4\dfrac{1}{2}$
   $+ 3\dfrac{3}{5}$

1. $5\dfrac{5}{6}$
   $+ 2\dfrac{1}{3}$

2. $7\dfrac{1}{4}$
   $+ 3\dfrac{1}{2}$

3. $5\dfrac{7}{8}$
   $+ 2\dfrac{1}{4}$

4. $6\dfrac{3}{7}$
   $+ 2\dfrac{1}{14}$

5. $8\dfrac{1}{4}$
   $+ 7\dfrac{1}{2}$

6. $7\dfrac{3}{10}$
   $+ 2\dfrac{7}{20}$

7. $3\dfrac{1}{5}$
   $+ 2\dfrac{1}{10}$

8. $7\dfrac{7}{9}$
   $+ 3\dfrac{5}{18}$

9. $6\dfrac{1}{3}$
   $+ 2\dfrac{1}{5}$

10. $9\dfrac{3}{4}$
   $+ 2\dfrac{1}{6}$

1	
2	
3	
4	
5	
6	
7	
8	
9	
10	
Puntaje	

Resolución de problemas

Una fábrica puede producir 352 partes por hora. ¿Cuántas partes se pueden producir en 12 horas?

Las fracciones

La resta de números mixtos con denominadores distintos

+

X

Pistas útiles

Ejercicios de repaso

1.

$$\frac{3}{7}$$
$$+ \frac{1}{2}$$

2.

$$5\frac{7}{8}$$
$$+ 4\frac{1}{8}$$

3.

$$3$$
$$+ 1\frac{2}{5}$$

4.

$$4\frac{1}{3}$$
$$- 2\frac{2}{3}$$

Para restar números mixtos con denominadores distintos, primero resta las fracciones. Si las fracciones no se pueden restar, toma una unidad del número entero positivo y aumenta la fracción. Luego resta.

Ejemplos:

$$\overset{5}{\cancel{6}}\frac{1}{6} = \frac{2}{12} + \frac{12}{12} = \frac{14}{12}$$
$$- 3\frac{1}{4} = \frac{3}{12}$$
$$2\frac{11}{12}$$

$$7\frac{1}{2} \times \frac{3}{3} = \frac{3}{6}$$
$$- 2\frac{1}{3} \times \frac{2}{2} = \frac{2}{6}$$
$$5 \qquad \frac{1}{6} = 5\frac{1}{6}$$

S.

$$4\frac{1}{4}$$
$$- 1\frac{1}{5}$$

S.

$$5\frac{1}{3}$$
$$- 2\frac{1}{2}$$

1.

$$3\frac{7}{8}$$
$$- 1\frac{1}{4}$$

2.

$$9\frac{5}{6}$$
$$- 2\frac{1}{3}$$

3.

$$5\frac{1}{4}$$
$$- 2\frac{2}{3}$$

4.

$$7\frac{1}{8}$$
$$- 2\frac{1}{2}$$

5.

$$2\frac{1}{7}$$
$$- 1\frac{3}{14}$$

6.

$$9\frac{1}{4}$$
$$- 3\frac{7}{16}$$

7.

$$6\frac{2}{3}$$
$$- 3\frac{4}{9}$$

8.

$$6\frac{1}{2}$$
$$- 2\frac{2}{3}$$

9.

$$7\frac{1}{4}$$
$$- 2\frac{3}{5}$$

10.

$$7\frac{1}{8}$$
$$- 4\frac{3}{4}$$

1	
2	
3	
4	
5	
6	
7	
8	
9	
10	
Puntaje	

Resolución de problemas

Hay 312 estudiantes matriculados en una escuela. Si se les ha ubicado en 13 clases del mismo tamaño, ¿cuántos estudiantes hay en cada clase?

Las fracciones

Repaso de la división por divisores de 1 dígito

Ejercicios veloces	Ejercicios de repaso

+

x

1. Reduce 24/30 a sus términos más sencillos

2. Cambia 29/4 a un número mixto.

1. Encuentra el mínimo común denominador de 1/3, 5/6 y 3/4.

4.
$$\frac{1}{3}$$
$$\frac{1}{5}$$
$$+\frac{1}{2}$$

Pistas útiles

Usa lo que has aprendido para resolver los siguientes problemas.

*Asegúrate de reducir todas las fracciones a sus términos más sencillos.

S. $3\frac{1}{7}$ $-1\frac{5}{7}$

S. $6\frac{1}{2}$ $+3\frac{3}{4}$

1. $\frac{8}{9}$ $-\frac{1}{2}$

2. $\frac{8}{9}$ $-\frac{1}{6}$

3. 7 $-2\frac{3}{5}$

4. $5\frac{1}{8}$ $+3\frac{1}{2}$

5. $7\frac{7}{8}$ $+3\frac{3}{8}$

6. $7\frac{1}{2}$ $-2\frac{3}{4}$

7. $3\frac{4}{5}$ $+4\frac{2}{3}$

8. $6\frac{1}{2}$ -3

9. $\frac{7}{16}$ $+\frac{1}{4}$

10. $4\frac{5}{6}$ $+3\frac{3}{4}$

1	
2	
3	
4	
5	
6	
7	
8	
9	
10	
Puntaje	

Resolución de problemas

Susana ganó 3¾ dólares el lunes y 7½ dólares el martes.
¿Cuánto más ganó el martes que el lunes?

Es ilegal fotocopiar esta página. Derecho de autor © 2018, Richard W. Fisher

Ejercicios veloces	**Ejercicios de repaso**

+

x

1. $6\overline{)726}$

2. $\begin{array}{r} 725 \\ \times\ 36 \\ \hline \end{array}$

3. $73 + 13 + 76 + 59 =$

4. $8{,}033 - 1{,}765 =$

Pistas útiles	Cuando multipliques fracciones comunes: Primero multiplica los numeradores. Luego multiplica los denominadores. Si el resultado es una fracción impropia, cámbiala a un número mixto	**Por ejemplo:** $\frac{3}{4} \times \frac{2}{7} = \frac{6}{28} = \frac{3}{14}$ $\frac{3}{2} \times \frac{7}{8} = \frac{21}{16} = 1\frac{5}{16}$	* Asegúrate de reducir las fracciones a sus términos más sencillos

S. $\frac{3}{4} \times \frac{5}{7} =$ S. $\frac{4}{5} \times \frac{3}{5} =$ 1. $\frac{2}{9} \times \frac{1}{7} =$ 2. $\frac{2}{5} \times \frac{1}{2} =$

3. $\frac{7}{2} \times \frac{3}{5} =$ 4. $\frac{7}{9} \times \frac{2}{3} =$ 5. $\frac{8}{9} \times \frac{3}{4} =$ 6. $\frac{4}{3} \times \frac{4}{5} =$

7. $\frac{3}{2} \times \frac{4}{5} =$ 8. $\frac{2}{7} \times \frac{3}{5} =$ 9. $\frac{1}{2} \times \frac{4}{5} =$ 10. $\frac{5}{2} \times \frac{3}{7} =$

1	
2	
3	
4	
5	
6	
7	
8	
9	
10	
Puntaje	

Resolución de problemas	Una familia cocinó 2¼ libras de carne para la cena y comieron 1 3/5 libras. ¿Cuánto carne quedó?

Las fracciones   La multiplicación de fracciones comunes / la eliminación de factores comunes

Ejercicios veloces	Ejercicios de repaso

+

1. $\dfrac{2}{3} \times \dfrac{6}{7} =$ 2. $\dfrac{7}{3} \times \dfrac{4}{5} =$

x

3. $\begin{array}{r} \dfrac{7}{8} \\[6pt] -\ \dfrac{1}{8} \\ \hline \end{array}$ 4. $\begin{array}{r} \dfrac{2}{3} \\[6pt] +\ \dfrac{2}{3} \\ \hline \end{array}$

Pistas útiles	Si el numerador de una fracción y el denominador de otra fracción tienen un factor común, pueden dividirse antes de multiplicar las fracciones.	**Ejemplos:** $\dfrac{3}{1\cancel{4}} \times \dfrac{\cancel{8}^2}{11} = \dfrac{6}{11}$ 4 es un factor común $\dfrac{7}{4\cancel{8}} \times \dfrac{\cancel{6}^3}{5} = \dfrac{21}{20} = 1\dfrac{1}{20}$ 2 es un factor común

S. $\dfrac{3}{5} \times \dfrac{5}{7} =$ S. $\dfrac{9}{10} \times \dfrac{5}{3} =$ 1. $\dfrac{2}{5} \times \dfrac{15}{16} =$ 2. $\dfrac{8}{15} \times \dfrac{3}{16} =$

3. $\dfrac{5}{6} \times \dfrac{7}{15} =$ 4. $\dfrac{7}{3} \times \dfrac{10}{7} =$ 5. $\dfrac{5}{8} \times \dfrac{12}{25} =$ 6. $\dfrac{8}{9} \times \dfrac{3}{4} =$

7. $\dfrac{3}{4} \times \dfrac{8}{15} =$ 8. $\dfrac{3}{4} \times \dfrac{3}{5} =$ 9. $\dfrac{4}{3} \times \dfrac{6}{7} =$ 10. $\dfrac{5}{6} \times \dfrac{4}{7} =$

1	
2	
3	
4	
5	
6	
7	
8	
9	
10	
Puntaje	

Resolución de problemas	Hay 15 filas de asientos en un teatro. Si cada fila tiene 26 asientos, ¿cuántos asientos hay en el teatro?

Ejercicios veloces	Ejercicios de repaso

+

1. $\dfrac{3}{5}$ x $\dfrac{15}{21}$ =

2. $\dfrac{8}{9}$ x $\dfrac{7}{12}$ =

X

3. $\dfrac{2}{3}$
$+ \dfrac{1}{5}$
_____

4. $\dfrac{3}{4}$
$- \dfrac{2}{3}$
_____

Pistas útiles	Cuando multipliques números enteros positivos y fracciones, escribe el número entero positivo como una fracción y luego multiplica.	**Ejemplos:** $\dfrac{2}{3}$ x 15 = $\dfrac{2}{1\!\!\!/3}$ x $\dfrac{15}{1}^{5}$ = $\dfrac{10}{1}$ = 10	$\dfrac{3}{4}$ x 9 = $\dfrac{3}{4}$ x $\dfrac{9}{1}$ = $\dfrac{27}{4}$	$\begin{array}{r} 6\frac{3}{4} \\ 4\overline{)27} \\ 24 \\ \hline 3 \end{array}$

S. $\dfrac{3}{4}$ x 12 =

S. $\dfrac{2}{3}$ x 5 =

1. $\dfrac{3}{4}$ x 8 =

2. 10 x $\dfrac{2}{5}$ =

3. $\dfrac{4}{5}$ x 25 =

4. $\dfrac{2}{7}$ x 4 =

5. $\dfrac{1}{2}$ x 27 =

6. $\dfrac{1}{10}$ x 25 =

7. 6 x $\dfrac{7}{12}$ =

8. $\dfrac{5}{6}$ x 9 =

9. $\dfrac{3}{8}$ x 40 =

10. $\dfrac{4}{5}$ x 7 =

1	
2	
3	
4	
5	
6	
7	
8	
9	
10	
Puntaje	

Resolución de problemas	Una clase tiene 36 estudiantes. Si 2/3 de la clase son niñas, ¿cuántas niñas hay en la clase?

40

Las fracciones

La multiplicación de números mixtos

+

X

1. $63\overline{)796}$

2. $\dfrac{3}{4} \times 16 =$

3. $\dfrac{2}{3} \times 10 =$

4. Cambia 3½ a una fracción impropia.

Pistas útiles

Para multiplicar números mixtos, primero cámbialos a fracciones impropias y luego multiplícalos. Expresa tu resultado en sus términos más sencillos.

Por ejemplo: $1\dfrac{1}{2} \times 1\dfrac{5}{6} =$

$\dfrac{1\cancel{3}}{2} \times \dfrac{11}{\cancel{6}_2} = \dfrac{11}{4} = 2\dfrac{3}{4}$

S. $\dfrac{2}{3} \times 1\dfrac{1}{8} =$

S. $1\dfrac{1}{4} \times 2\dfrac{2}{5} =$

1. $\dfrac{3}{4} \times 2\dfrac{1}{2} =$

2. $2\dfrac{1}{3} \times 1\dfrac{1}{3} =$

3. $5 \times 3\dfrac{1}{5} =$

4. $2\dfrac{1}{7} \times 1\dfrac{2}{5} =$

5. $2\dfrac{2}{3} \times 2\dfrac{1}{4} =$

6. $2\dfrac{1}{4} \times 1\dfrac{1}{2} =$

7. $2\dfrac{1}{2} \times 3\dfrac{1}{4} =$

8. $6 \times 2\dfrac{1}{2} =$

9. $2\dfrac{1}{2} \times 4\dfrac{2}{3} =$

10. $2\dfrac{1}{6} \times \dfrac{3}{5} =$

1	
2	
3	
4	
5	
6	
7	
8	
9	
10	
Puntaje	

Resolución de problemas

Si un hombre puede correr a 4 millas por hora. ¿Qué distancia puede correr en 3½ horas a esa velocidad?

Ejercicios veloces	Ejercicios de repaso

+

x

1. $\dfrac{3}{5}$ x $\dfrac{4}{7}$ =   2. $\dfrac{3}{4}$ x $\dfrac{9}{25}$ =

3. $\dfrac{3}{4}$ x 24 =   4. 13 x $\dfrac{2}{3}$ =

Pistas útiles	Usa lo que has aprendido para resolver los siguientes problemas.	*Asegúrate de expresar tus respuestas en sus términos más sencillos. *Algunas veces hay factores comunes que se pueden dividir antes de multiplicar.

S. $\dfrac{3}{5}$ x $\dfrac{1}{2}$ =   S. $3\dfrac{1}{2}$ x $2\dfrac{1}{7}$ =   1. $\dfrac{4}{5}$ x $\dfrac{7}{8}$ =   2. $\dfrac{20}{21}$ x $\dfrac{7}{40}$ =

3. $\dfrac{3}{5}$ x 35 =   4. $\dfrac{4}{7}$ x 9 =   5. $\dfrac{3}{4}$ x $2\dfrac{1}{2}$ =   6. $3\dfrac{2}{3}$ x $\dfrac{1}{2}$ =

7. 5 x $3\dfrac{2}{5}$ =   8. $1\dfrac{2}{3}$ x $1\dfrac{2}{5}$ =   9. $3\dfrac{1}{6}$ x $4\dfrac{4}{5}$ =   10. $1\dfrac{7}{8}$ x $4\dfrac{1}{3}$ =

1	
2	
3	
4	
5	
6	
7	
8	
9	
10	
Puntaje	

Resolución de problemas	Si una fábrica puede producir 4 ½ toneladas de partes por día, ¿cuántas toneladas puede producir en 5 días?

Ejercicios veloces

+

x

Ejercicios de repaso

1.
$$\frac{3}{5}$$
$$+\frac{1}{3}$$

2.
$$\frac{3}{4}$$
$$-\frac{1}{2}$$

3. $2 \times 3\frac{1}{2} =$

4. $1\frac{1}{3} \times 1\frac{1}{3} =$

es

es

Pistas útiles	Para encontrar el recíproco de una fracción común, invierte la fracción. Para encontrar el recíproco de un número mixto, primero cambia el número mixto a una fracción impropia y luego inviértela. Para encontrar el recíproco de un número entero positivo, primero escríbelo como una fracción y luego inviértela.

Ejemplos: El recíproco de:

$\frac{3}{5}$ es $\frac{5}{3}$ o $1\frac{2}{3}$ $2\frac{1}{2}$ es $\frac{2}{5}$ 7 es $\frac{1}{7}$
                                 $(\frac{5}{2})$ $(\frac{7}{1})$

Encuentra el recíproco de cada número:

S. $\frac{3}{4}$ S. $2\frac{1}{3}$ 1. 6 2. $\frac{7}{8}$

3. $3\frac{1}{4}$ 4. 13 5. $\frac{2}{5}$ 6. $\frac{1}{7}$

7. 9 8. $\frac{2}{9}$ 9. $4\frac{1}{2}$ 10. 15

1	
2	
3	
4	
5	
6	
7	
8	
9	
10	
Puntaje	

Resolución de problemas	Cinco estudiantes ganaron 225 dólares. Si dividen el dinero en partes iguales, ¿cuánto dinero le toca a cada estudiante?

Ejercicios veloces	Ejercicios de repaso

+

x

1. Encuentra el recíproco de 9.

2. Encuentra el recíproco de

$$\frac{2}{7}$$

3. Encuentra el recíproco de 3 2/3

4. $2\frac{2}{3} \times 1\frac{1}{5} =$

Pistas útiles

Para dividir fracciones, primero encuentra el recíproco del segundo número y luego multiplica las fracciones.

Ejemplos:

$$\frac{2}{3} \div \frac{1}{2} =$$
$$\frac{2}{3} \times \frac{2}{1} = \frac{4}{3} = \boxed{1\frac{1}{3}}$$

$$2\frac{1}{2} \div 1\frac{1}{2} = \frac{5}{2} \div \frac{3}{2} =$$
$$\frac{5}{2} \times \frac{2}{3} = \frac{5}{3} = \boxed{1\frac{2}{3}}$$

S. $\frac{3}{7} \div \frac{3}{8} =$ S. $3\frac{1}{2} \div 2 =$ 1. $\frac{3}{8} \div \frac{1}{6} =$ 2. $\frac{1}{2} \div \frac{1}{3} =$

3. $5 \div \frac{2}{3} =$ 4. $4\frac{1}{2} \div \frac{1}{2} =$ 5. $1\frac{3}{4} \div \frac{3}{8} =$ 6. $5\frac{1}{4} \div \frac{7}{12} =$

7. $1\frac{1}{2} \div 3 =$ 8. $5\frac{1}{2} \div 2 =$ 9. $7\frac{1}{2} \div 2\frac{1}{2} =$ 10. $3\frac{2}{3} \div 2\frac{1}{2} =$

1	
2	
3	
4	
5	
6	
7	
8	
9	
10	
Puntaje	

Resolución de problemas

Se deben dividir 3 ½ yardas en trozos cuyo largo es ½ yarda cada uno. ¿Cuántos trozos resultarán?

Repaso de todas las operaciones de fracciones

1.
$$\begin{array}{r} \frac{3}{5} \\ + \frac{1}{5} \\ \hline \end{array}$$

2.
$$\begin{array}{r} \frac{5}{6} \\ + \frac{3}{6} \\ \hline \end{array}$$

3.
$$\begin{array}{r} \frac{2}{3} \\ + \frac{1}{5} \\ \hline \end{array}$$

4.
$$\begin{array}{r} 3\frac{2}{3} \\ + 4\frac{5}{9} \\ \hline \end{array}$$

5.
$$\begin{array}{r} 7\frac{3}{4} \\ + 2\frac{3}{8} \\ \hline \end{array}$$

6.
$$\begin{array}{r} \frac{5}{8} \\ - \frac{1}{8} \\ \hline \end{array}$$

7.
$$\begin{array}{r} 7\frac{2}{5} \\ - 2\frac{3}{5} \\ \hline \end{array}$$

8.
$$\begin{array}{r} 7 \\ - 2\frac{3}{5} \\ \hline \end{array}$$

9.
$$\begin{array}{r} 6\frac{3}{4} \\ - \frac{1}{2} \\ \hline \end{array}$$

10.
$$\begin{array}{r} 9\frac{1}{3} \\ - 3\frac{2}{5} \\ \hline \end{array}$$

11. $\frac{2}{3} \times \frac{4}{7} =$

12. $\frac{12}{13} \times \frac{3}{24} =$

13. $\frac{3}{4} \times 36 =$

14. $\frac{7}{8} \times 2\frac{1}{7} =$

15. $2\frac{1}{3} \times 3\frac{1}{2} =$

16. $\frac{3}{4} \div \frac{1}{2} =$

17. $3\frac{1}{2} \div \frac{1}{2} =$

18. $3\frac{2}{3} \div 1\frac{1}{2} =$

19. $3\frac{3}{4} \div 1\frac{1}{8} =$

20. $6 \div 2\frac{1}{3} =$

1	
2	
3	
4	
5	
6	
7	
8	
9	
10	
11	
12	
13	
14	
15	
16	
17	
18	
19	
20	

Los decimales

Ejercicios veloces	Ejercicios de repaso

+

x

1. 136 + 927 + 813

2. $\dfrac{3}{5}$
    $+ \dfrac{2}{3}$
    ___

2. 1,394
    − 966

4. $\dfrac{3}{4}$
    $- \dfrac{1}{6}$
    ___

Pistas útiles

Para leer decimales, primero lee el número entero positivo. Luego, lee el punto decimal como "y". Finalmente, lee el número después del punto decimal y su valor posicional.

unidades   décimos   centésimos   milésimos   diez milésimos   cien milésimos   millonésimos

1 . 2 3 4 5 6 7

Ejemplos:

3.16   tres y dieciséis centésimos
14.001 catorce y once milésimos
0.69   sesenta y nueve centésimo

Expresa cada uno de los siguientes números en palabras.

S. 2.6   S. 13.016   1. 0.73   2. 4.002

3. 132.6   4. 132.06   5. 72.6395   6. 0.077

7. 9.89   8. 6.003   9. 0.72   10. 1.666

1	
2	
3	
4	
5	
6	
7	
8	
9	
10	
Puntaje	

Resolución de problemas

En una clase de 35 estudiantes, 3/5 son niños. ¿Cuántos niños hay en la clase?

Ejercicios veloces	Ejercicios de repaso

+

x

1.
$$234$$
$$\times\ 36$$

2. $\dfrac{3}{4} \times \dfrac{8}{11} =$

3. $2\dfrac{1}{2} \div \dfrac{1}{2} =$

4. $3\dfrac{1}{3} \div 2 =$

Pistas útiles

Cuando leas decimales, recuerda que "y" significa el punto decimal. La parte fraccionaria del decimal termina en "écimo(s)" o "ésimo(s)". Sé cuidadoso con los marcadores de posición.

Ejemplos:
Cuatro y ocho décimos = 4.8
Doscientos uno y seis centésimos = 201.06
Ciento cuatro diez milésimos = .0104

Escribe cada uno de los siguientes números como decimales. Usa el diagrama al final de la página si necesitas ayuda.

S. Seis y cuatro centésimos

S. Trescientos seis y quince centésimos

1. Nueve y ocho décimos

2. Cuarenta y seis y trece milésimos

3. Trescientos veintiséis diez milésimos

4. Veintidós y cinco decimos

5. Ocho cien milésimos

6. Cuatro millonésimos

7. Doce y treinta y seis diez milésimos

8. Dieciséis y veinticuatro milésimos

9. Veintitrés y cinco décimos

10. Dos y diecisiete milésimos

unidades décimos centésimos milésimos diez milésimos cien milésimos millonésimos

9 . 8 7 6 5 4 3

1	
2	
3	
4	
5	
6	
7	
8	
9	
10	
Puntaje	

Resolución de problemas

Si la temperatura normal para un ser humano es 98 3/5 ° y un hombre tiene una temperatura de 102°, ¿cuánto más que lo normal es su temperatura?

El cambio de fracciones y números mixtos a decimales

Ejercicios veloces	Ejercicios de repaso

+

1. $\dfrac{3}{4} \div \dfrac{1}{2} =$ 　　　　 2. $1\dfrac{1}{2} \div 2 =$

X

3. $3 \div 1\dfrac{1}{2} =$ 　　　　 4. $3\dfrac{1}{3} \div \dfrac{2}{5} =$

Pistas útiles	Cuando cambies números mixtos a decimales, recuerda de poner un punto decimal después del número entero positivo.	**Ejemplos:** $3\dfrac{3}{10} = 3.3$ 　 $\dfrac{16}{10,000} = .0016$ $42\dfrac{9}{10,000} = 42.0009$ 　 $65\dfrac{12}{100,000} = 65.00012$

Escribe cada uno de los siguientes números como un decimal. Usa el diagrama al final de la página si necesitas ayuda.

1	
2	
3	
4	
5	
6	
7	
8	
9	
10	
Puntaje	

S. $7\dfrac{7}{10}$ 　　 S. $9\dfrac{7}{1,000}$ 　　 1. $16\dfrac{32}{100}$ 　　 2. $\dfrac{97}{10,000}$

3. $72\dfrac{9}{100}$ 　　 4. $134\dfrac{92}{10,000}$ 　　 5. $\dfrac{16}{1,000}$ 　　 6. $44\dfrac{432}{100,000}$

7. $3\dfrac{96}{1,000}$ 　　 8. $4\dfrac{901}{1,000}$ 　　 9. $3\dfrac{901}{1,000,000}$ 　　 10. $\dfrac{1,763}{100,000}$

unidades _décimos_ _centésimos_ _milésimos_ _diez milésimos_ _cien milésimos_ _millonésimos_

9 . 8 7 6 5 4 3

Resolución de problemas	Una baldosa tiene una espesor de 3/4 de pulgada. ¿Cuál sería el espesor de una pila de cuarenta y ocho baldosas?

Ejercicios veloces	Ejercicios de repaso

+

x

1.
$$\frac{2}{3}$$
$$+ \frac{1}{5}$$

2.
$$7$$
$$- 1\frac{1}{3}$$

3. $\frac{2}{3} \times 1\frac{1}{2} =$

4. $\frac{2}{3} \div 5\frac{1}{2} =$

Pistas útiles	Los decimales pueden ser fácilmente cambiados a números mixtos y fracciones. Recuerda que el número entero positivo está a la izquierda del punto decimal.	**Ejemplos:** $2.6 = 2\frac{6}{10}$ $.210 = \frac{210}{1,000}$ $3.007 = 3\frac{7}{1,000}$ $1.0019 = 1\frac{19}{10,000}$

Cambia cada uno de los siguientes números a un número mixto o una fracción. Usa el diagrama al final de la página si necesitas ayuda.

S. 1.43   S. 7.006   1. 173.016   2. .00016

3. 7.000014   4. 19.936   5. .09163   6. 77.8

7. 13.019   8. 72.0009   9. .00099   10. 63.000143

1	
2	
3	
4	
5	
6	
7	
8	
9	
10	
Puntaje	

unidades décimos centésimos milésimos diez milésimos cien milésimos millonésimos

9 . 8 7 6 5 4 3

Resolución de problemas	Un teatro tiene 9 filas de sillas de catorce asientos cada uno. Seis asientos están vacíos. ¿Cuántos asientos están ocupados?

Los decimales

Ejercicios veloces

+

X

Ejercicios de repaso

1. Reduce 25/30 a sus términos más sencillos.

2. Cambia 35/8 a un número mixto.

3. Escribe 1.019 en palabras.

4. Cambia 72.008 a un número mixto.

| Pistas útiles | Se pueden agregar ceros a la derecha de un decimal sin cambiar su valor. Esto ayuda cuando tengas que comparar los valores de los decimales. | < significa "menor que"
> significa "mayor que" | Por ejemplo:
Compara 4.3 y 4.28
4.3 = 4.30, por lo tanto
4.3 > 4.28 |

Coloca un < o un > para comparar cada par de decimales.

S. 7.32 ☐ 7.6   S. .99 ☐ .987   1. 6.096 ☐ 6.1

2. 3.41 ☐ 3.336   3. 7.11 ☐ 7.09   4. 1.5 ☐ 1.42

5. 3.62 ☐ .099   6. .6 ☐ .79   7. 2.31 ☐ 2.4

8. 1.64 ☐ 1.596   9. 3.09 ☐ 3.4   10. 6.199 ☐ 6.2

1	
2	
3	
4	
5	
6	
7	
8	
9	
10	
Puntaje	

Resolución de problemas

Un grupo de excursionistas necesitaba viajar 43 millas. Si caminan 7 millas cada día, ¿cuántas millas les quedan después de 5 días?

Ejercicios veloces	Ejercicios de repaso

+

x

1. $3\dfrac{1}{2} \div 2 =$ 2. $2\dfrac{1}{2} \div 2 =$

3. $\dfrac{3}{8}$

   $+ \dfrac{5}{8}$

4. $7\dfrac{3}{5}$

   $+ 6\dfrac{4}{5}$

Pistas útiles

Para sumar decimales, alinea los puntos decimales verticalmente y luego suma del mismo modo que con números enteros positivos. Asegúrate de escribir el punto decimal en tu respuesta. Algunas veces será necesario que escribas ceros a la derecha del decimal.

Por ejemplo:

Suma 3.16 + 2.4 + 12

$$\begin{array}{r} 3.16 \\ 2.40 \\ + 12.00 \\ \hline 17.56 \end{array}$$

S. $\begin{array}{r} 3.16 \\ 12.4 \\ + 3.26 \\ \hline \end{array}$

S. $3.92 + 4.6 + .32 =$

1. $32.16 + 1.7 + 7.493 =$

2. $7.341 + 6.49 + .6 =$

3. $\begin{array}{r} 7.64 \\ 19.633 \\ + 2.4 \\ \hline \end{array}$

4. $.37 + .6 + .73 =$

5. $9.64 + 7 + 1.92 + .7 =$

6. $72.163 + 11.4 + 63.42 =$

7. $.7 + .6 + .4 =$

8. $17.33 + 6.994 + .72 =$

9. $\begin{array}{r} 7.642 \\ 17.63 \\ 2.143 \\ + 14.64 \\ \hline \end{array}$

10. $19.2 + 7.63 + 4.26 =$

1	
2	
3	
4	
5	
6	
7	
8	
9	
10	
Puntaje	

Resolución de problemas

En enero llovió 3.6 pulgadas, en febrero hubo 4.3 pulgadas de lluvia y en marzo, 7.9 pulgadas. ¿Cuál fue la cantidad total de lluvia para los tres meses?

Los decimales

Ejercicios veloces	Ejercicios de repaso

+

X

1.   3.16
             3.4
         + 7.166

2.   3.6 + 4.16 + 8 =

3. Encuentra 1/2 de 3 1/2

4. Escribe 72 9/1000 como un decimal.

Pistas útiles	Para restar decimales, alinea los puntos decimales verticalmente y luego resta del mismo modo que con números enteros positivos. Escribe el punto decimal en tu respuesta. Se pueden escribir ceros a la derecha del decimal.

Ejemplos:

$$3.2 - 1.66 =$$
$$\overset{2\ 11\ 1}{\cancel{3}.\cancel{2}0}$$
$$-\ 1.66$$
$$\overline{1.54}$$

$$7 - 1.63 =$$
$$\overset{6\ 9\ 1}{\cancel{7}.\cancel{0}0}$$
$$-\ 1.63$$
$$\overline{5.37}$$

S.   17.2
        − 3.36

S. 15.1 − 7.62 =

1.   7.32
        − 1.426

2.   3.962
        − 1.669

3. 2.72 − 1.56 =

4. 27.93 − 16.8 =

5. .72 − .667 =

6.   6.137
        − 2.1793

7. 3 − .627 =

8. 7.14 − 3.456 =

9. 75.6 − 66.972 =

10. 43.21 − 16.445 =

1	
2	
3	
4	
5	
6	
7	
8	
9	
10	
Puntaje	

Resolución de problemas	Bill corrió en una carrera y su tiempo fue 17.6 segundos. Jane completó la carrera en 16.3 segundos. ¿Cuánto tiempo menos se demoró Jane que Bill en completar la carrera?

Los decimales

Ejercicios veloces

+

```
    7  3  9
  0        5
  8        1
    4  2  6
```

x

```
    7  3  9
  0        5
  8        1
    4  2  6
```

Ejercicios de repaso

1.
$$\frac{1}{3}$$
$$+ \frac{1}{3}$$

2.
$$\frac{3}{8}$$
$$+ \frac{3}{8}$$

3.
$$\frac{7}{16}$$
$$+ \frac{13}{16}$$

4.
$$\frac{4}{5}$$
$$\frac{3}{5}$$
$$+ \frac{4}{5}$$

Pistas útiles

Usa lo que has aprendido para resolver los siguientes problemas.

* Alinea los decimales.
* Escribe el punto decimal en tu respuesta.
* Se pueden agregar ceros a la derecha del punto decimal.

S.
```
    3.61
   14.4
 +  .37
```

S.
```
    7.16
 — 3.473
```

1.
```
    7.16
    8.92
 + 7.634
```

2.
```
   7.6
 — 1.43
```

3. 4.63 + 5.7 + 6.24 =

4. 17.2 — 8.96 =

5. 15 — 12.92 =

6. 6.93 + 5 + 7.63 =

7. .9 + .7 + .6 =

8. 7.16 — 2.673 =

9. 27.16 — 16.764 =

10. 7.73 + 2.6 + .37 + 15 =

1	
2	
3	
4	
5	
6	
7	
8	
9	
10	
Puntaje	

Resolución de problemas

Un trabajador ganó $125.65. Si gastó $76.93, ¿cuánto le queda?

Ejercicios veloces

+

X

Pistas útiles

Ejercicios de repaso

1.
$$\begin{array}{r} 36 \\ \times\ 6 \\ \hline \end{array}$$

2.
$$\begin{array}{r} 46 \\ \times\ 32 \\ \hline \end{array}$$

3.
$$\begin{array}{r} 209 \\ \times\ 23 \\ \hline \end{array}$$

4.
$$\begin{array}{r} 434 \\ \times\ 612 \\ \hline \end{array}$$

Multiplica del mismo modo que con números enteros positivos. Cuenta el número de lugares decimales y ubica el punto decimal adecuadamente en el producto.

Ejemplos:

$$\begin{array}{r} 2.32 \leftarrow 2\ \text{lugares} \\ \times\ 6 \\ \hline 13.92 \leftarrow 2\ \text{lugares} \end{array}$$

$$\begin{array}{r} 7.6 \leftarrow 1\ \text{lugar} \\ \times\ 23 \\ \hline 228 \\ 1520 \\ \hline 174.8 \leftarrow 1\ \text{lugar} \end{array}$$

S.
$$\begin{array}{r} 2.46 \\ \times\ 3 \\ \hline \end{array}$$

S.
$$\begin{array}{r} 2.3 \\ \times\ 16 \\ \hline \end{array}$$

1.
$$\begin{array}{r} .643 \\ \times\ 3 \\ \hline \end{array}$$

2.
$$\begin{array}{r} 3.66 \\ \times\ 4 \\ \hline \end{array}$$

3.
$$\begin{array}{r} .16 \\ \times\ 43 \\ \hline \end{array}$$

4.
$$\begin{array}{r} .236 \\ \times\ 24 \\ \hline \end{array}$$

5.
$$\begin{array}{r} 1.4 \\ \times\ 16 \\ \hline \end{array}$$

6.
$$\begin{array}{r} 3.45 \\ \times\ 16 \\ \hline \end{array}$$

7.
$$\begin{array}{r} 7.63 \\ \times\ 43 \\ \hline \end{array}$$

8.
$$\begin{array}{r} 1.432 \\ \times\ 7 \\ \hline \end{array}$$

9.
$$\begin{array}{r} .41 \\ \times\ 73 \\ \hline \end{array}$$

10.
$$\begin{array}{r} .046 \\ \times\ 27 \\ \hline \end{array}$$

1	
2	
3	
4	
5	
6	
7	
8	
9	
10	
Puntaje	

Resolución de problemas

Un excursionista puede caminar 2.7 millas en una hora. A esta velocidad, ¿qué distancia puede recorrer en siete horas?

Los decimales

Ejercicios veloces	Ejercicios de repaso

+

X

Pistas útiles

1.   72.4
   x   3

2.   .27
   x   16

3. $\frac{3}{4}$ x $1\frac{1}{2}$ =

4. $2\frac{1}{8}$ ÷ 2 =

Multiplica del mismo modo que con números enteros positivos. Encuentra el número total de lugares decimales y ubica el punto decimal apropiadamente en el producto.

2.63 ← 2 lugares
x .3 ← 1 lugar
.789 ← 3 lugares

.724 ← 3 lugares
x .23 ← 2 lugares
2172
14480
.16652 ← 5 lugares

S.   3.6
   x .7

S.   3.24
   x 2.4

1.   3.6
   x 3.2

2.   2.09
   x .22

3.   .642
   x .33

4.   .23
   x 3.8

5.   2.03
   x .07

6.   .422
   x 23.2

7.   .003
   x 0.8

8.   5.6
   x .34

9.   63.5
   x 2.35

10.   12.3
   x .006

1	
2	
3	
4	
5	
6	
7	
8	
9	
10	
Puntaje	

Resolución de problemas

Un agricultor puede cosechar 2.5 toneladas de papas en un día. ¿Cuántas toneladas puede cosechar en 4.5 días?

Los decimales

Ejercicios veloces

+

X

Ejercicios de repaso

1.
$$6 - 2\frac{1}{3}$$

2.
$$3\frac{1}{4} - 1\frac{3}{4}$$

3.
$$\frac{2}{3} + \frac{2}{3}$$

4.
$$3\frac{1}{2} + 4\frac{1}{2}$$

Pistas útiles

Para multiplicar por 10, mueve el punto decimal un lugar a la derecha; para multiplicar por 100, muévelo 2 lugares a la derecha; para multiplicar por 1,000, muévelo 3 lugares a la derecha.

Ejemplos:
$$10 \times 3.36 = 33.6$$
$$100 \times 3.36 = 336$$
$$1,000 \times 3.36 = 3360*$$

*Algunas veces son necesarios marcadores de posición

S. $10 \times 3.2 =$

S. $1,000 \times 7.39 =$

1. $100 \times .936 =$

2. $1,000 \times 72.6 =$

3. $100 \times 1.6 =$

4. $7.362 \times 100 =$

5. $7.28 \times 1,000 =$

6. $100 \times .7 =$

7. $100 \times .376 =$

8.
$$\begin{array}{r} 1,000 \\ \times\ \ .39 \\ \hline \end{array}$$

9. $100 \times .733 =$

10. $10 \times 7.63 =$

1	
2	
3	
4	
5	
6	
7	
8	
9	
10	
Puntaje	

Resolución de problemas

Si los boletos para un concierto cuestan $9.50 cada una, ¿cuánto costarían 1,000 boletos?

Los decimales

Ejercicios veloces

+

x

Ejercicios de repaso

1. $2\dfrac{1}{2} \div \dfrac{1}{3} =$

2. $3 \times 2\dfrac{1}{3} =$

3. $\dfrac{16}{17} \times \dfrac{7}{8} =$

4. $5 \div \dfrac{1}{2} =$

Pistas útiles

Usa lo que has aprendido para resolver los siguientes problemas.

* Ten cuidado cuando ubiques el punto decimal en el producto.

S.
```
  .342
x    7
```

S.
```
  42.3
x  .36
```

1.
```
   .23
x   14
```

2.
```
   .29
x  1.6
```

3.
```
  1.34
x .362
```

4. $10 \times 2.6 =$

5.
```
  2.63
x  1.2
```

6. $100 \times 26.3 =$

7.
```
   .003
x   3.6
```

8.
```
   .65
x  5.5
```

9.
```
  1.67
x   33
```

10.
```
  0.67
x .063
```

1	
2	
3	
4	
5	
6	
7	
8	
9	
10	
Puntaje	

Resolución de problemas

Los suéteres están rebajados a $13.79.¿Cuánto costarían tres suéteres a precio rebajado?

Ejercicios veloces	Ejercicios de repaso

+

x

Pistas útiles

1.   7 $\overline{)133}$

2.   7 $\overline{)1414}$

3.   6 $\overline{)6006}$

4.   22 $\overline{)2442}$

Divide del mismo modo que con números naturales. Ubica el punto decimal directamente arriba.

Ejemplos:

$$3 \overline{)8.4} \quad \begin{array}{r} 2.8 \\ -6\downarrow \\ \hline 24 \\ -24 \\ \hline 0 \end{array}$$

$$3 \overline{).252} \quad \begin{array}{r} .084 \\ -24\downarrow \\ \hline 12 \\ -12 \\ \hline 0 \end{array}$$

S.   3 $\overline{)1.32}$ S.   8 $\overline{)14.4}$ 1.   3 $\overline{)59.1}$ 2.   7 $\overline{)22.47}$

3.   34 $\overline{)19.38}$ 4. 70.3 ÷ 19 =   5.   4 $\overline{)24.32}$ 6.   6 $\overline{)245.4}$

7. 26 $\overline{)8.424}$ 8.   16 $\overline{)2.56}$ 9. 12.72 ÷ 6 =   10. 21 $\overline{)42.84}$

1	
2	
3	
4	
5	
6	
7	
8	
9	
10	
Puntaje	

Resolución de problemas

Un hombre tiene un tablón de 10 ½ pies de largo. Si decide cortarlo en trozos de ½ pie de largo, ¿cuántos trozos tendrá?

Ejercicios veloces	Ejercicios de repaso

+

X

1. $3\overline{)6.54}$ 2. $15\overline{)4.5}$

3. $3.63 + 12 + 3.2 =$ 4. 7.2
                                    $-\ 2.367$

Pistas útiles	Algunas veces se necesitan marcadores de posición cuando se dividen decimales.	**Ejemplos:**	$3\overline{)\begin{array}{l}.05\\.15\\-15\\\hline 0\end{array}}$	$15\overline{)\begin{array}{l}.003\\.045\\-\ 45\\\hline 0\end{array}}$

S. $5\overline{).0135}$ S. $13\overline{).247}$ 1. $7\overline{).0049}$ 2. $3\overline{).036}$

3. $4\overline{).224}$ 4. $13\overline{).468}$ 5. $22\overline{).946}$ 6. $9\overline{).567}$

7. $52\overline{)1.196}$ 8. $18\overline{).396}$ 9. $9\overline{).027}$ 10. $12\overline{).816}$

1	
2	
3	
4	
5	
6	
7	
8	
9	
10	
Puntaje	

Resolución de problemas	Cinco niños ganaron $27.55 haciendo en un jardín. Si deciden repartir el dinero en partes iguales, ¿cuánto dinero le toca a cada uno?

Ejercicios veloces	**Ejercicios de repaso**

+

x

Pistas útiles

1. $\begin{array}{r} 11.4 \\ \underline{\times\ \ 3} \end{array}$ 2. $\begin{array}{r} .233 \\ \underline{\times\ \ .4} \end{array}$

3. $4\frac{1}{2} \div 1\frac{1}{2} =$ 4. $\frac{2}{3} \div \frac{2}{9} =$

Algunas veces es necesario agregar ceros al dividendo para completar el problema.

Ejemplos:

$5\overline{\smash{)}1.3}$

$15\overline{\smash{)}2.7}$

$\begin{array}{r} .26 \\ 5\overline{\smash{)}1.30} \\ \underline{-1\ 0\downarrow} \\ 30 \\ \underline{-30} \\ 0 \end{array}$

$\begin{array}{r} .18 \\ 15\overline{\smash{)}2.70} \\ \underline{-1\ 5\downarrow} \\ 120 \\ \underline{-120} \\ 0 \end{array}$

S. $5\overline{\smash{)}1.7}$ S. $25\overline{\smash{)}1.5}$ 1. $2\overline{\smash{)}.13}$ 2. $5\overline{\smash{)}3.1}$

3. $22\overline{\smash{)}45.1}$ 4. $24\overline{\smash{)}3.6}$ 5. $5\overline{\smash{)}0.2}$ 6. $95\overline{\smash{)}3.8}$

7. $20\overline{\smash{)}2.4}$ 8. $4\overline{\smash{)}6.3}$ 9. $5\overline{\smash{)}0.3}$ 10. $5\overline{\smash{)}2.09}$

1	
2	
3	
4	
5	
6	
7	
8	
9	
10	
Puntaje	

Resolución de problemas

Una niña nació en 1979. ¿Qué edad tendrá en el 2007?

Ejercicios veloces	Ejercicios de repaso

+

1.   2 ⟌ .15   2.   5 ⟌ .13

X

3.   100 x 9.3 =   4.   1,000 x 9.3 =

Pistas útiles

Mueve el punto decimal en el divisor tantos lugares como sea necesario para hacerlo un número entero positivo. Mueve el punto decimal en el dividendo el mismo número de lugares.

Ejemplos:

$$.3 \,⟌\, \begin{array}{c} .8 \\ 2,4 \\ -2\,4 \\ \hline 0 \end{array}$$

$$.03 \,⟌\, \begin{array}{c} 950.\,^* \\ 28,50. \\ -27↓ \\ \hline 15 \\ -15 \\ \hline 0 \end{array}$$

*Algunas veces son necesarios marcadores de posición.

S. .7 ⟌ 2.73 S. .15 ⟌ .036 1. .3 ⟌ 2.4 2. .03 ⟌ 5.1	1
	2
	3
3. .9 ⟌ .378 4. .04 ⟌ 3.2 5. .06 ⟌ .324 6. 2.1 ⟌ 6.72	4
	5
	6
	7
7. .26 ⟌ .962 8. .18 ⟌ .576 9. .04 ⟌ 2.3 10. .12 ⟌ 1.104	8
	9
	10
	Puntaje

Resolución de problemas

Si un auto viajó 110.5 millas en dos horas, ¿cuál fue su velocidad promedio por hora?

Los decimales

Ejercicios veloces	**Ejercicios de repaso**

+

X

Pistas útiles

1. $3 \overline{)2.4}$ 2. $.03 \overline{)1.5}$

3. $.5 \overline{).19}$ 4. $.15 \overline{).6}$

Para cambiar fracciones a decimales, divide el numerador por el denominador. Agrega tantos ceros como sea necesario.

Ejemplos:

$$\frac{3}{4} \qquad 4 \overline{)\begin{array}{c} .75 \\ 3.00 \end{array}} \\ \quad -28\downarrow \\ \quad 20 \\ \quad -20 \\ \quad 0$$

$$\frac{3}{8} \qquad 8 \overline{)\begin{array}{c} .375 \\ 3.000 \end{array}} \\ \quad -24\downarrow\downarrow \\ \quad 60 \\ \quad -56 \\ \quad 40 \\ \quad -40 \\ \quad 0$$

Cambia cada una de las siguientes fracciones a un decimal.

S. $\dfrac{1}{2}$ S. $\dfrac{5}{8}$ 1. $\dfrac{3}{5}$ 2. $\dfrac{1}{4}$

3. $\dfrac{2}{5}$ 4. $\dfrac{7}{8}$ 5. $\dfrac{11}{20}$ 6. $\dfrac{13}{25}$

7. $\dfrac{5}{8}$ 8. $\dfrac{4}{20}$ 9. $\dfrac{1}{5}$ 10. $\dfrac{7}{10}$

1	
2	
3	
4	
5	
6	
7	
8	
9	
10	
Puntaje	

Resolución de problemas

Un trabajador ganó 60 dólares y puso ¼ de su dinero en una cuenta de ahorros. ¿Cuánto dinero puso en la cuenta de ahorros?

Ejercicios veloces	Ejercicios de repaso

+

1. $3.36 + 5 + 2.6 =$

2. $3.2 - 1.63 =$

X

3.
$$3.12$$
$$\text{x } .7$$

4. Cambia 7/8 a un decimal

Pistas útiles	Usa lo que has aprendido para resolver los siguientes problemas	*Agrega tantos ceros como sea necesario. *Los marcadores de posición pueden ser necesarios. *Ubica los puntos decimales apropiadamente.

S. $7\overline{).035}$ S. $.06\overline{)2.4}$ 1. $3\overline{)2.28}$ 2. $5\overline{).37}$

3. $1.6\overline{).04}$ 4. $.3\overline{)1.35}$ 5. $.5\overline{).12}$ 6. $.005\overline{)1.42}$

7. $.04\overline{)1.324}$ 8. $2.1\overline{)34.02}$ 9. Cambia 2/5 a un decimal.   10. Cambia 5/8 a un decimal.

1	
2	
3	
4	
5	
6	
7	
8	
9	
10	
Puntaje	

Resolución de problemas	John pesaba 120.5 libras en enero. En junio, había perdido 3.25 libras. ¿Cuánto pesaba en junio?

Repaso de todas las operaciones para decimales

1.   3.72
       4.6
    + 3.963

2. .3 + 2.96 + 7.1 =

3. 15.4 + 4 + 9.7 =

4.   37.3
    − 16.7

5.   7.1
    − 2.37

6. 6 − 1.43 =

7.   3.12
    x   3

8.   3.4
    x 16

9.   .47
    x 1.6

10. .436
    x 3.21

11. 100 x 2.36 =

12. 1,000 x 2.7 =

13. 2 ⟌ 2.68

14. 5 ⟌ 7.3

15. .5 ⟌ .325

16. .003 ⟌ 1.2

17. .15 ⟌ .0075

18. 8.7 ⟌ .1131

19. Cambia 7/8 a un decimal

20. Cambia 11/25 a un decimal

1	
2	
3	
4	
5	
6	
7	
8	
9	
10	
11	
12	
13	
14	
15	
16	
17	
18	
19	
20	

Ejercicios veloces

+

X

Ejercicios de repaso

1. $\dfrac{3}{4} \div \dfrac{1}{2} =$

2. $\dfrac{2}{3} \times 4\dfrac{1}{2} =$

3.
$$\dfrac{1}{2}$$
$$+\dfrac{2}{3}$$

4.
$$\dfrac{2}{3}$$
$$-\dfrac{1}{5}$$

Pistas útiles	"Por ciento" significa lo mismo que "centésimos". Si una fracción se encuentra expresada como centésimos, puede ser fácilmente escrita como un porcentaje.

Ejemplos:

$\dfrac{7}{100} = 7\%$ $\dfrac{3}{10} = \dfrac{30}{100} = 30\%$ $\dfrac{19}{100} = 19\%$

Cambia cada una de las siguientes fracciones a porcentajes:

S. $\dfrac{17}{100} =$ S. $\dfrac{9}{10} =$ 1. $\dfrac{6}{100} =$ 2. $\dfrac{99}{100} =$

3. $\dfrac{3}{10} =$ 4. $\dfrac{64}{100} =$ 5. $\dfrac{67}{100} =$ 6. $\dfrac{1}{100} =$

7. $\dfrac{7}{10} =$ 8. $\dfrac{14}{100} =$ 9. $\dfrac{80}{100} =$ 10. $\dfrac{62}{100} =$

1	
2	
3	
4	
5	
6	
7	
8	
9	
10	
Puntaje	

Resolución de problemas	Una mujer compró cuatro sillas. Si cada silla pesaba 22 ½ libras, ¿cuál fue el peso total de las cuatro sillas?

Los porcentajes

Ejercicios veloces	Ejercicios de repaso

+

x

1. $\dfrac{7}{100} = $ _____ %

2. $\dfrac{9}{10} = $ _____ %

3. Encuentra ½ de 2½

4. Encuentra la diferencia entre 17.6 y 9.85.

Pistas útiles	"Centésimos" = por ciento	**Ejemplos:** .27 = 27% .9 = .90 = 90%
	Los decimales se pueden cambiar fácilmente a porcentajes	*Mueve el punto decimal dos veces a la derecha y agrega el símbolo de porcentaje.

Cambia cada uno de los siguientes decimales a porcentajes:

S. .37	S. .7	1. .93	2. .02		1	
					2	
					3	
3. .2	4. .09	5. .6	6. .66		4	
					5	
					6	
7. .89	8. .6	9. .33	10. .8		7	
					8	
					9	
					10	
					Puntaje	

Resolución de problemas	Hay 32 onzas líquidas en un cuarto de galón. ¿Cuántas onzas líquidas hay en .4 cuartos de galón?

El cambio de porcentajes a decimales y fracciones

Ejercicios veloces	Ejercicios de repaso

+

x

1. Reduce 18/24 a sus términos más sencillos.

2. Cambia 18/16 a un número mixto con la fracción en sus términos más sencillos.

3. $\quad 5\dfrac{1}{5}$

$\quad -1\dfrac{1}{2}$

_____

4. $\quad 2\dfrac{1}{2}$

$\quad +3\dfrac{3}{5}$

_____

Pistas útiles	Los porcentajes se pueden expresar como decimales y fracciones. La fracción a veces puede ser reducida a sus términos más sencillos.	**Ejemplos:**	$25\% = .25 = \dfrac{25}{100} = \dfrac{1}{4}$ $8\% = .08 = \dfrac{8}{100} = \dfrac{2}{25}$

Cambia cada uno de los siguientes porcentajes a una fracción reducida a sus términos más sencillos.

S. $20\% = .\quad = \underline{\quad}$ 　　S. $9\% = .\quad = \underline{\quad}$ 　　1. $16\% = .\quad = \underline{\quad}$

2. $6\% = .\quad = \underline{\quad}$ 　　3. $75\% = .\quad = \underline{\quad}$ 　　4. $40\% = .\quad = \underline{\quad}$

5. $1\% = .\quad = \underline{\quad}$ 　　6. $45\% = .\quad = \underline{\quad}$ 　　7. $12\% = .\quad = \underline{\quad}$

8. $5\% = .\quad = \underline{\quad}$ 　　9. $50\% = .\quad = \underline{\quad}$ 　　10. $13\% = .\quad = \underline{\quad}$

1	
2	
3	
4	
5	
6	
7	
8	
9	
10	
Puntaje	

Resolución de problemas	El 75% de los estudiantes de la escuela Grover toma el bus. ¿Qué fracción de los estudiantes toma el bus? Reduce tu fracción a sus términos más sencillos.

Los porcentajes

Ejercicios veloces	Ejercicios de repaso

+

x

1. $.3 \overline{) .54}$

2. Cambia 4/5 a un decimal

3. $\begin{array}{r} 3.12 \\ \times\ .6 \\ \hline \end{array}$

4. $12 - 2.38 =$

Pistas útiles

Para encontrar el porcentaje de un número puedes usar fracciones o decimales. Usa lo que sea más conveniente.

Ejemplos:

Encuentra el 25% de 60
.25 x 60

$\begin{array}{r} 60 \\ \times\ .25 \\ \hline 300 \\ 120 \\ \hline 15.00 \end{array}$

o

$\dfrac{25}{100} = \dfrac{1}{4}$

$\dfrac{1}{\cancel{4}_1} \times \dfrac{\cancel{60}^{15}}{1} = \dfrac{15}{1} = 15$

S. Encuentra el 70% de 25

S. Encuentra el 50% de 300

1. Encuentra el 6% de 72

2. Encuentra el 60% de 85

3. Encuentra el 25% de 60

4. Encuentra el 45% de 250

5. Encuentra el 10% de 320

6. Encuentra el 40% de 200

7. Encuentra el 4% de 250

8. Encuentra el 90% de 240

9. Encuentra el 75% de 150

10. Encuentra el 2% de 660

1	
2	
3	
4	
5	
6	
7	
8	
9	
10	
Puntaje	

Resolución de problemas

Un estanque de gasolina tiene una capacidad de 3 ¾ galones. Si 1/3 del estanque ha sido usado, ¿cuántos galones han sido usados?

Ejercicios veloces	Ejercicios de repaso

+

x

Pistas útiles

1. Encuentra el 13% de 85.

2. Cambia 4/5 a un decimal.

3. 3. Cambia 3% a un decimal.

4. Encuentra el 20% de 60.

Cuando busques el porcentaje en un problema con enunciado, puedes cambiar el porcentaje a una fracción o un decimal. Siempre expresa tu resultado en una breve frase u oración.

Por ejemplo:
Un equipo jugó 60 juegos y ganó el 75% de ellos. ¿Cuántos juegos ganaron?

Encuentra el 75% de 60

.75 x 60

$$\begin{array}{r} 60 \\ \times\ .75 \\ \hline 300 \\ 420 \\ \hline 45.00 \end{array}$$

o

$$\frac{75}{100} = \frac{3}{4}$$

$$\frac{3}{4} \times \frac{60}{1} = \frac{45}{1} = 45$$

Respuesta: El equipo ganó 45 juegos.

S. Jorge tuvo una prueba con 20 problemas. Si tuvo 15% de los problemas correctos, ¿cuántos problemas tuvo correctos?	S. Si el 6% de los 500 estudiantes matriculados en una escuela están ausentes, ¿cuántos estudiantes están ausentes?
1. Un trabajador ganó 80 dólares y puso 70% en el banco. ¿Cuántos dólares puso en el banco?	2. Un vehículo cuesta $9,000. Si el Sr. Smith ha ahorrado el 20% de este monto, ¿cuánto ha ahorrado?
3. Steve tuvo una prueba con 30 problemas. Si respondió correctamente el 70% de los problemas, ¿cuántos problemas tuvo correctos?	4. El ingreso mensual de una familia es $3,000. Si el 25% de este monto se gasta en comida, ¿cuántos dólares gastan en comida?
5. Hay 40 estudiantes en una clase. Si el 60% de la clase son varones, ¿cuántas niñas hay en la clase?	6. Una casa que cuesta $80,000 requiere un pago inicial de un 20%. ¿Cuántos dólares se requieren para el pago inicial?
7. Si un auto cuesta $6,000 y pierde el 30% de su valor en un año, ¿cuánto valdrá el auto en un año?	8. Un abrigo vale $50. Si el impuesto sobre ventas es un 7% del precio, ¿cuánto es el impuesto sobre ventas? ¿Cuál es el costo total incluyendo el impuesto sobre las ventas?
9. El 23% de los 600 estudiantes en la escuela Madison toman clases de música instrumental. ¿Cuántos estudiantes están tomando música instrumental?	10. Una familia gasta el 25% de su ingreso en comida y el 30% en vivienda. Si su ingreso mensual es de $3,000, ¿cuánto gastan cada mes en comida y vivienda?

1	
2	
3	
4	
5	
6	
7	
8	
9	
10	
Puntaje	

Resolución de problemas

Un tren viajó a 83.5 millas por hora. A esta velocidad, ¿qué distancia recorrería en 2.5 horas?

Ejercicios veloces

+

x

Pistas útiles

Ejercicios de repaso

1. $20 \overline{)1764}$

2. $25 \times 36 =$

3. $9 + 19 + 216 + 3{,}674 =$

4. $7{,}010 - 6{,}914 =$

Para cambiar una fracción a un porcentaje, primero cambia la fracción a un decimal y luego cambia el decimal a un porcentaje. Mueve el punto decimal dos veces a la derecha y agrega el símbolo de porcentaje.

Ejemplos:

$\dfrac{3}{4}$ $4\overline{)3.00}$ $.75 = 75\%$
-28
20
-20
0

$\dfrac{16}{20} = \dfrac{4}{5}$ $5\overline{)4.00}$ $.80 = 80\%$
-40
0

*Algunas veces la fracción se puede reducir más

Cambia cada una de las siguientes fracciones a un porcentaje:

S. $\dfrac{1}{5} =$

S. $\dfrac{12}{15} =$

1. $\dfrac{3}{5} =$

2. $\dfrac{1}{2} =$

3. $\dfrac{1}{10} =$

4. $\dfrac{9}{12} =$

5. $\dfrac{15}{20} =$

6. $\dfrac{15}{25} =$

7. $\dfrac{1}{4} =$

8. $\dfrac{24}{30} =$

9. $\dfrac{18}{24} =$

10. $\dfrac{4}{20} =$

1	
2	
3	
4	
5	
6	
7	
8	
9	
10	
Puntaje	

Resolución de problemas

320 personas postularon a trabajos en una nueva tienda departamental. Si el 20% de las personas obtuvieron un trabajo, ¿cuántas personas obtuvieron un trabajo?

Ejercicios veloces

+

X

Pistas útiles

Ejercicios de repaso

1.   4.19
     x 3

2.   12.6
     − 3.743

3.   36.16
     .724
     + 7.93

4.   .05 ⟌ .235

Para encontrar el porcentaje, primero escribe una fracción, cambia la fracción a un decimal y luego cambia el decimal a un porcentaje.

Ejemplos:

¿4 es qué porcentaje de 16?

$\frac{4}{16} = \frac{1}{4}$

$$.25 = 25\%$$

$$4 \overline{)1.00}$$
$$\underline{-8\downarrow}$$
$$20$$
$$\underline{-20}$$
$$0$$

¿5 es qué porcentaje de 25?

$\frac{5}{25} = \frac{1}{5}$

$$.20 = 20\%$$

$$5 \overline{)1.00}$$
$$\underline{-10\downarrow}$$
$$00$$

S. ¿3 es qué % de 12?

S. ¿15 es qué % de 20?

1. ¿7 es qué % de 28?

2. ¿20 es qué % de 25?

3. ¿40 = qué % de 80?

4. ¿18 es qué % de 20?

5. ¿12 es qué % de 20?

6. ¿9 es qué % de 12?

7. ¿15 = qué % de 20?

8. ¿24 es qué % de 32?

9. ¿400 es qué % de 500?

10. ¿19 es qué % de 20?

1	
2	
3	
4	
5	
6	
7	
8	
9	
10	
Puntaje	

Resolución de problemas

Un hombre tenía 215 dólares en el banco. Un día sacó 76 dólares y el próximo día hizo un depósito de 96 dólares. ¿Cuánto dinero tiene ahora en el banco?

Los porcentajes · Encontrar el porcentaje en problemas con enunciado

Ejercicios de repaso

+

X

Pistas útiles

1. Encuentra el 12% de 220.

2. Cambia 3/5 a un porcentaje.

3. Encuentra el 60% de 45.

4. .05 ⌐1.7

Cuando busques el porcentaje, primero escribe la fracción, luego cambia la fracción a un decimal y finalmente cambia el decimal a un porcentaje.

Por ejemplo:
Un equipo jugó 20 juegos y ganó 15 juegos. ¿Qué porcentaje de los juegos ganaron?

¿15 es qué % de 20?

$$\frac{15}{20} = \frac{3}{4}$$

.75 = 75%

```
    .75 = 75%
4 ⌐ 3.00
   - 28
   ----
     20
   - 20
   ----
      0
```

Ganaron el 75% de los juegos.

S. Una prueba tenía 20 preguntas. Si Sam tuvo 15 preguntas correctas, ¿qué porcentaje tuvo correcto?

1. En una prueba de ortografía que tenía 25 palabras, Susana tuvo 20 correctas. ¿Qué porcentaje de las palabras tuvo correctas?

3. Un equipo jugó 16 juegos y ganó 12 de los juegos. ¿Qué porcentaje perdieron?

5. 19/20 de una clase estaba presente en la escuela. ¿Qué porcentaje de la clase estaba presente?

7. Un equipo ganó 12 juegos y perdió 13 juegos. ¿Qué porcentaje de los juegos que jugaron ganaron?

9. En una prueba de matemáticas con 50 preguntas, Jill tuvo 49 preguntas correctas. ¿Qué porcentaje de respuestas correctas tuvo?

S. En una clase de 30 estudiantes, 12 son niñas. ¿Qué porcentaje de la clase son niñas?

2. Una trabajadora ganó 200 dólares. Si puso 150 dólares en una cuenta de ahorros, ¿qué porcentaje de sus ganancias puso en la cuenta de ahorros?

4. Un jugador de fútbol americano lanzó 35 pases y 28 fueron capturados. ¿Qué porcentaje de los pases fueron capturados?

6. Una clase tiene una matrícula de 30 estudiantes. Si 24 están presentes, ¿qué porcentaje está ausente?

8. Una escuela tiene 300 estudiantes. Si 60 estudiantes están en sexto año, ¿qué porcentaje está en sexto año?

10. Un pícher lanzó 12 veces la pelota. Si 9 veces fueron strikes, ¿qué porcentaje fueron strikes?

1	
2	
3	
4	
5	
6	
7	
8	
9	
10	
Puntaje	

Resolución de problemas

Hay 30 preguntas en una prueba. Si un estudiante tuvo 80% correctas, ¿cuántas preguntas tuvo correctas?

Los porcentajes

Ejercicios veloces

+

x

Pistas útiles

Ejercicios de repaso

1. Cambia 7/100 a un porcentaje.

2. Cambia 9/10 a un porcentaje.

3. Cambia .3 a un porcentaje.

4. Cambia 24% a un decimal y a una fracción expresada en sus términos más sencillos.

Usa lo que has aprendido para resolver los siguientes problemas.

Ejemplos:

Encuentra el 15% de 35
.15 × 35

$$\begin{array}{r} 35 \\ \times\ .15 \\ \hline 175 \\ 35 \\ \hline 5.25 \end{array}$$

¿18 es qué % de 24?

$$\frac{18}{24} = \frac{3}{4}$$

.75 = 75%

$$4\overline{\smash)3.00}$$
$$\begin{array}{r} -\ 28 \\ \hline 20 \\ -\ 20 \\ \hline 0 \end{array}$$

S. Encuentra el 20% de 45

S. ¿3 es qué % de 12?

1. Encuentra el 3% de 120.

2. Encuentra el 80% de 72.

3. ¿12 es qué % de 16?

4. ¿20 = qué % de 25?

5. Encuentra el 25% de 310.

6. Encuentra el 12% de 50.

7. ¿12 es qué % de 48?

8. ¿4 = qué % de 40?

9. Encuentra el 90% de 500.

10. Encuentra el 22% de 236.

1	
2	
3	
4	
5	
6	
7	
8	
9	
10	
Puntaje	

Resolución de problemas

Una trabajadora ha completado 4/5 de su proyecto. ¿Qué porcentaje de su proyecto ha sido completado?

Ejercicios veloces

+

x

Pistas útiles

Ejercicios de repaso

1. $2\dfrac{1}{2}$

$- 2\dfrac{1}{3}$

_____

2. $3\dfrac{1}{4}$

$+ 2\dfrac{1}{2}$

_____

3. $\dfrac{7}{10} \div \dfrac{3}{14} =$

4. $\dfrac{4}{5} \div \dfrac{1}{3} =$

Usa lo que has aprendido para resolver el problema.   **Ejemplos:**

Un agricultor tiene 210 vacas. Si vende 40% de sus vacas, ¿cuántas vacas vende?

40% de 210   210

.4 x 210 $\dfrac{x\ .4}{84.0}$ Vendió 84 vacas

En una clase de 24 estudiantes, 18 son niñas. ¿Qué porcentaje son niñas?

¿18 es qué % de 24? $\dfrac{18}{24} = \dfrac{3}{4}$

$4\ \overline{\smash{)}\ 3.00}$ .75 = 75%

$\dfrac{-\ 28}{20}$

$\dfrac{-\ 20}{0}$

75% son niñas.

S. Una prueba tiene 40 problemas. Un estudiante tuvo 80% de los problemas correctos. ¿Cuántos problemas tuvo correctos?

S. Sue ha terminado 6 problemas en una prueba. Si la prueba tiene 24 problemas, ¿qué porcentaje ha terminado?

1. Un rancho tiene 500 acres de terreno. Si el 60% del terreno se usa para pastoreo, ¿cuántos acres se usan para pastoreo?

2. Un jugador hizo 15 lanzamientos. Si acertó en 9 de ellos, ¿qué porcentaje tuvo?

3. Un hombre ganó 24 dólares y gastó el 60%. ¿Cuántos dólares gastó?

4. Una prueba tiene 45 preguntas. Si Jane tuvo 36 preguntas correctas, ¿qué porcentaje tuvo correcto?

5. ¿27 es qué porcentaje de 36?

6. Encuentra el 24% de 60.

7. Hay 400 estudiantes en una escuela. Si el 60% almuerza en la cafetería, ¿cuántos estudiantes almuerzan en la cafetería?

8. Un equipo de béisbol jugó 20 juegos y ganó 18. ¿Qué porcentaje de juegos perdieron?

9. Un auto cuesta $6,000. Si se requiere un pago inicial de 20%, ¿cuántos dólares es el pago inicial?

10. 60 jugadores hicieron una prueba para un equipo. Si solo 12 fueron aceptados en el equipo, ¿qué porcentaje de los jugadores fue aceptado? ¿Qué porcentaje no fue aceptado?

1	
2	
3	
4	
5	
6	
7	
8	
9	
10	
Puntaje	

Resolución de problemas

Los puntajes de un estudiante en sus pruebas fueron 84, 96, 80 y 76. ¿Cuál fue su puntaje promedio?

Los porcentajes

Cambia los números 1 al 5 a un porcentaje.

1. $\dfrac{17}{100}$ =   2. $\dfrac{3}{100}$ =   3. $\dfrac{7}{10}$ =   4. .19 =   5. .6 =

Cambia los números 6 al 8 a un decimal y una fracción expresada en sus términos más sencillos.

6. 9% = . = _____   7. 14% = . = _____   8. 80% = . = _____

Resuelve los siguientes problemas. Escribe toda la información en tus respuestas a los problemas con enunciado.

9. Encuentra el 4% de 320.

10. Encuentra el 60% de 230.

11. Encuentra el 12% de 600.

12. ¿3 es qué % de 5?

13. ¿12 es qué % de 15?

14. ¿12 es qué % de 48?

15. Cambia 1/5 a un porcentaje.

16. Cambia ¼ a un porcentaje.

17. Un hombre ganó 200 dólares. Si puso 40% en el banco, ¿cuántos dólares puso en el banco?

18. Sin un ganadero tiene 450 vacas y decide vender el 40%, ¿cuántas vacas venderá?

19. Una clase tiene 40 estudiantes matriculados. Si 18 son niños, ¿qué porcentaje son niños?

20. Un pícher lanzó 80 veces la pelota y 60 veces fueron strikes. ¿Qué porcentaje fueron strikes?

1	
2	
3	
4	
5	
6	
7	
8	
9	
10	
11	
12	
13	
14	
15	
16	
17	
18	
19	
20	

La geometría

Ejercicios veloces

+

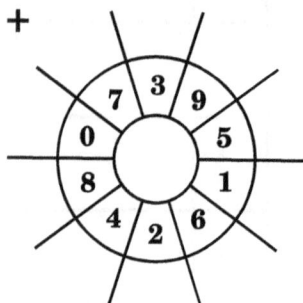

x

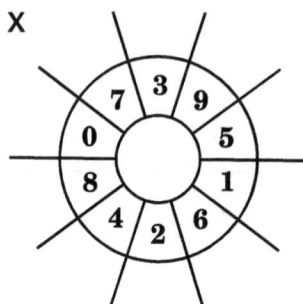

Ejercicios de repaso

1. $3.6 + .72 + 3.9 =$ 2. $16.1 - 2.96 =$

3. $\begin{array}{r} 1.64 \\ \times\ .03 \\ \hline \end{array}$ 4. $5\overline{)3.0}$

Pistas útiles	Término geométrico	Punto	Recta	Plano	Segmento	Rayo
	Ejemplo:	• P	A B ↔	Plano con A, B, C	A B	A B →
	Símbolo:	P	$\overleftrightarrow{AB}$	Plano ABC	$\overline{AB}$	$\overrightarrow{AB}$

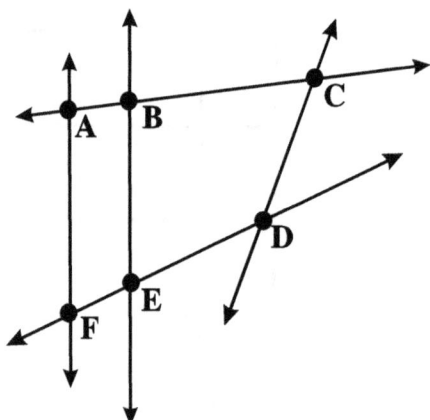

Usa la figura para responder las siguientes preguntas

S. Nombra 4 puntos   S. Nombra 5 segmentos

1. Nombra 5 rectas   2. Nombra 5 rayos

3 Nombra 3 puntos en $\overleftrightarrow{FD}$ 4 Encuentra otro nombre para $\overleftrightarrow{AB}$

5 Encuentra otro nombre para $\overleftrightarrow{ED}$ 6 Encuentra otro nombre para $\overrightarrow{AC}$

7. Nombra dos segmentos en $\overleftrightarrow{FD}$ 8. Nombra dos rayos en $\overleftrightarrow{FE}$

9. Nombra dos rayos en $\overleftrightarrow{AC}$ 10. ¿Qué punto es común a las rectas $\overleftrightarrow{FD}$ y $\overleftrightarrow{BE}$?

1	
2	
3	
4	
5	
6	
7	
8	
9	
10	
Puntaje	

Resolución de problemas

Si una fábrica puede producir un motor en 2½ horas, ¿cuánto tomará para producir 10 motores?

La geometría   Las rectas paralelas, las rectas que se intersectan, los ángulos

Ejercicios veloces	Ejercicios de repaso

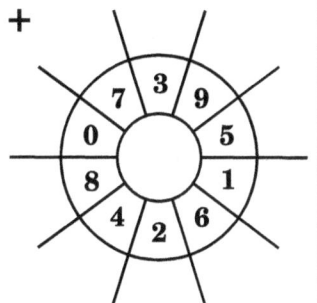

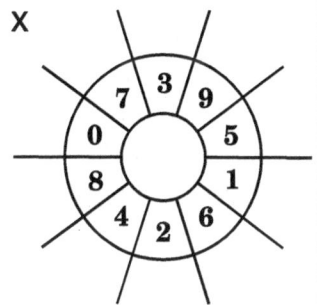

+

X

1.
$$\frac{3}{5}$$
$$+ \frac{4}{5}$$

2.
$$\frac{3}{4}$$
$$- \frac{1}{4}$$

3. $2 \times \dfrac{3}{4} =$

4. $3 \div \dfrac{3}{4} =$

Pistas útiles

Término geométrico Ejemplo:	Rectas paralelas	Rectas que se intersectan	Rectas perpendiculares	Ángulo	Símbolos ∠DAC ∠CAD ∠A

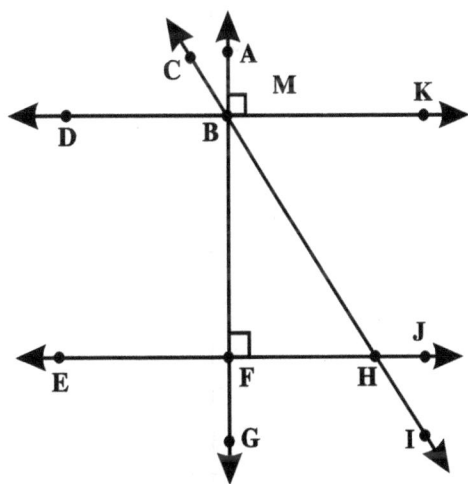

Usa la figura para responder las siguientes preguntas

S. Nombra 2 rectas paralelas

S. Nombra 2 rectas perpendiculares

1. Nombra 3 pares de rectas que se intersecten

2. Nombra 5 ángulos

3. Nombra 3 ángulos cuyo vértice sea B

4. Nombra 3 ángulos cuyo vértice sea H

5. Nombra 3 rectas   6. Nombra 5 segmentos   7. Nombra 5 rayos

8. Nombra 3 segmentos en $\overleftrightarrow{BH}$

9. Nombra 3 rectas que incluyan al punto B

10. Encuentra otro nombre ∠JHI para

1	
2	
3	
4	
5	
6	
7	
8	
9	
10	
Puntaje	

Resolución de problemas

María tiene un trozo de tela cuyo largo es 7½ yardas. ¿Cuántos trozos de 1 ½ yardas puede cortar?

Ejercicios veloces	Ejercicios de repaso

+

X

1. ¿6 es qué % de 8?

2. Encuentra el 15% de 225.

3. Un hombre tenía 300 vacas y decidió vender el 15%. ¿Cuántas vacas vendió?

4. Sue hizo una prueba con 20 problemas. Si tuvo 14 problemas correctos, ¿qué porcentaje de los problemas tuvo correctos?

Pistas útiles

ángulo recto — mide 90° ángulo agudo — mide menos que 90° ángulo obtuso — mide más que 90° ángulo extendido — mide 180°

Usa la figura para responder las siguientes preguntas

S. Nombra 4 ángulos rectos

S. Nombra 5 ángulos agudos

1. Nombra 5 ángulos obtusos

2. Nombra 5 ángulos extendidos

3. ¿Qué tipo de ángulo es

4. ¿Qué tipo de ángulo es

5. ¿Qué tipo de ángulo es

6. ¿Qué tipo de ángulo es

7. Nombra un ángulo agudo cuyo vértice sea J.

8. Nombra un ángulo obtuso cuyo vértice sea D.

9. Nombra un ángulo recto cuyo vértice sea B.

10. Nombra un ángulo extendido cuyo vértice sea D.

1	
2	
3	
4	
5	
6	
7	
8	
9	
10	
Puntaje	

Resolución de problemas

Una cuerda tiene 1.7 metros de largo. Si un hombre quiere cortarla en 5 trozos de igual largo, ¿qué largo debe tener cada trozo?

Ejercicios veloces	Ejercicios de repaso

+

x

1. Cambia 9/7 a un número mixto.

2. Cambia 2 2/3 a una fracción impropia

3. Expresa 24/40 en sus términos más sencillos

4. $2\frac{1}{2} \times 3\frac{1}{2} =$

Pistas útiles

Para usar un transportador, sigue las siguientes reglas:
1. Ubica el punto central del transportador en el vértice.
2. Ubica el cero en un borde del ángulo.
3. Lee el número donde el otro lado del ángulo cruza al transportador.
4. Si el ángulo es agudo, usa el número más pequeño. Si el ángulo es obtuso, usa el número mayor.

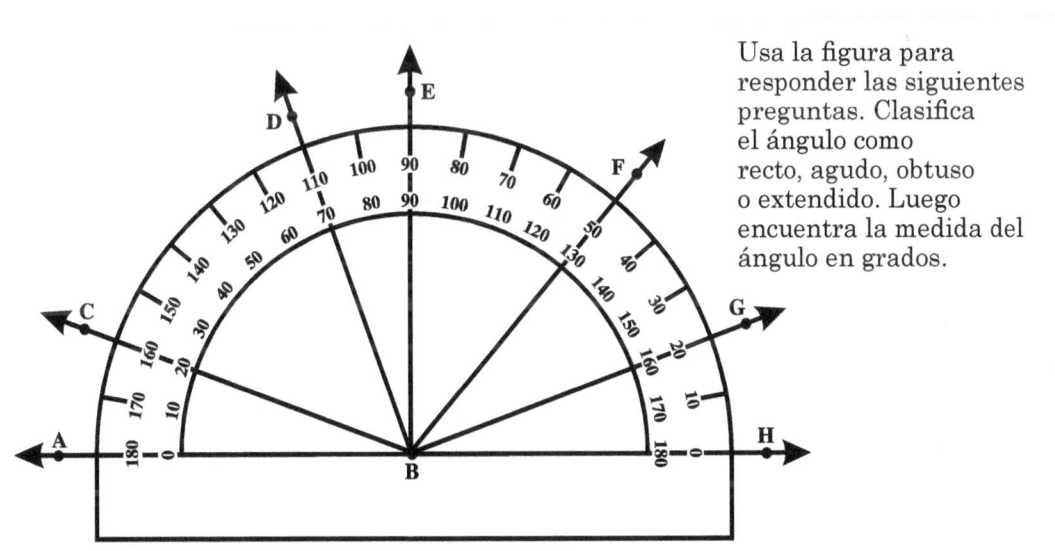

Usa la figura para responder las siguientes preguntas. Clasifica el ángulo como recto, agudo, obtuso o extendido. Luego encuentra la medida del ángulo en grados.

S. ∠HBG   S. ∠DBH   1. ∠EBH   2. ∠CBH   3. ∠GBH   4. ∠DBA

5. ∠ABF   6. ∠FBH   7. ∠ABH   8. ∠ABG   9. ∠EBA   10. ∠FBA

1	
2	
3	
4	
5	
6	
7	
8	
9	
10	
Puntaje	

Resolución de problemas

260 estudiantes hicieron una prueba de ciencias sociales y un 80% pasó la prueba. ¿Cuántos estudiantes pasaron la prueba?

Ejercicios veloces	Ejercicios de repaso

+

1. Cambia 15/20 a un porcentaje.

2. Cambia .9 a un porcentaje.

X

3. Encuentra el 4% de 65.

4. ¿12 es qué porcentaje de 30?

Pistas útiles

Para usar un transportador, sigue las siguientes reglas:
1. Ubica el punto central del transportador en el vértice.
2. Ubica el cero en un borde del ángulo.
3. Lee el número donde el otro lado del ángulo cruza al transportador.
4. Si el ángulo es agudo, usa el número más pequeño. Si el ángulo es obtuso, usa el número mayor.

Clasifica cada ángulo como agudo, recto, obtuso o extendido.

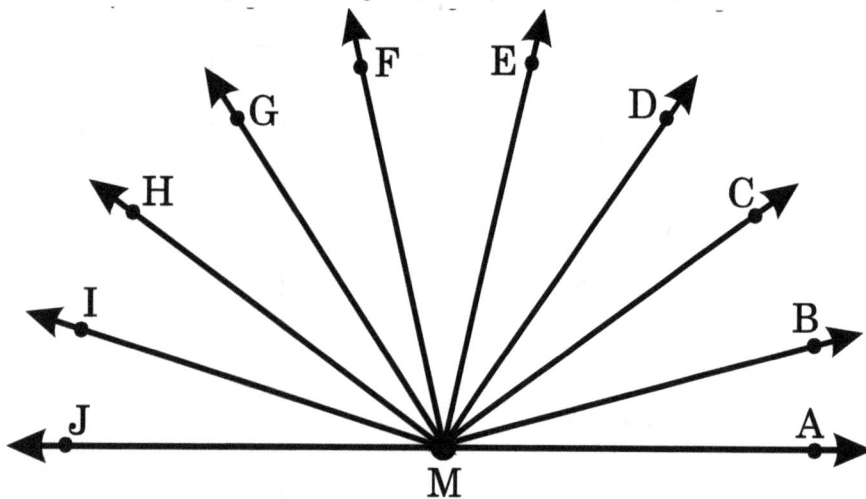

1	
2	
3	
4	
5	
6	
7	
8	
9	
10	
Puntaje	

S. ∠AMC   S. ∠EMC   1. ∠DMA   2. ∠FMJ

3. ∠FMA   4. ∠DMJ   5. ∠EMA   6. ∠EMC

7. ∠FMB   8. ∠HMC   9. ∠IMA   10. ∠IMF

Resolución de problemas

Hay 645 asientos en un auditorio. Si 379 asientos están ocupados, ¿cuántos asientos están disponibles?

Ejercicios veloces

Ejercicios de repaso

+

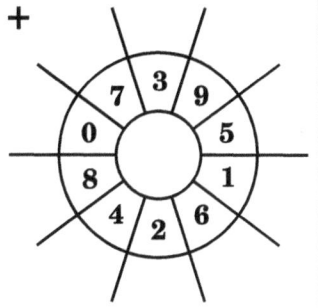

x

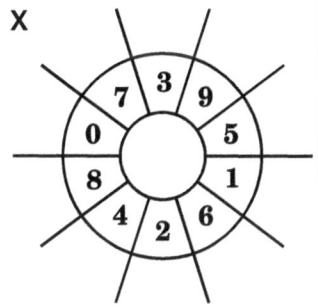

1. Nombra y clasifica este ángulo.

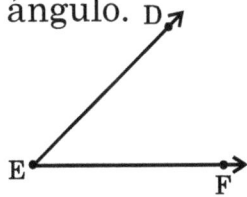

2. Nombra y clasifica este ángulo.

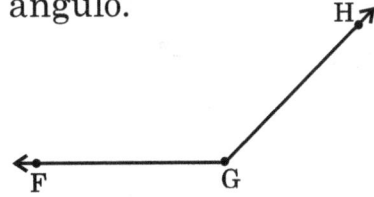

3. Nombra y clasifica este ángulo.

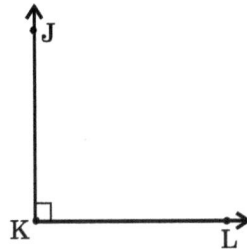

4. ¿Qué clase de rectas son estas?

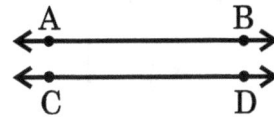

Pistas útiles

Los polígonos son figuras cerradas hechas de segmentos.

triángulo	rectángulo	cuadrado	paralelogramo	trapecio
3 lados	4 lados, 4 ángulos rectos	4 lados congruentes, 4 ángulos rectos	4 lados, lados opuestos paralelos	4 lados, 1 par de lados paralelos

Nombra cada polígono. Algunos pueden tener más de un nombre.

S.

S.

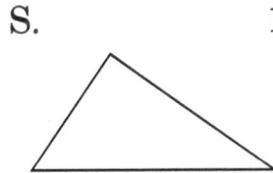

1.

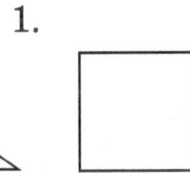

2.

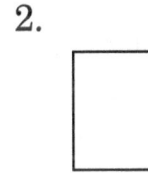

3.

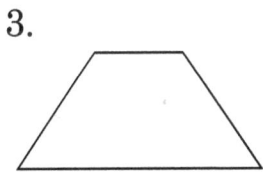

4.

5.

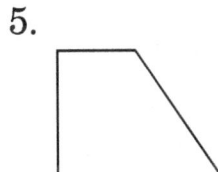

6.

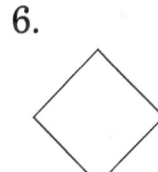

7.

8.

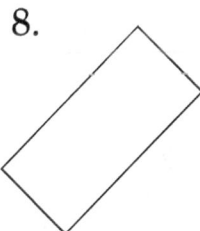

9.

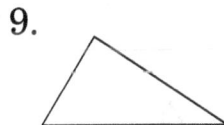

10.

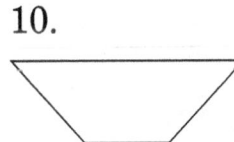

1	
2	
3	
4	
5	
6	
7	
8	
9	
10	
Puntaje	

Resolución de problemas

Un hombre ganó $3.75 por hora. ¿Cuánto ganó si trabajó 8 horas?

Ejercicios veloces

+

x

Ejercicios de repaso

1. 30)‾7013‾

2.   48
   x 36

3.   732
      46
   + 377

4.   7611
    − 799

Pistas útiles

Los triángulos pueden ser clasificados por sus lados y sus ángulos.

	Lados			Ángulos		
	equilátero	escaleno	isósceles	agudo	recto	obtuso
	3 lados congruentes	ningún lado congruente	2 lados congruentes	3 ángulos agudos	1 ángulo recto	1 ángulo obtuso

Clasifica cada triángulo por sus lados y sus ángulos.

S. lados: _____ ángulos: ____

S. lados: _____ ángulos: ____

1. lados: _____ ángulos: ____

2. lados: _____ ángulos: ____

3. lados: _____ ángulos: ____

4. lados: _____ ángulos: ____

5. lados: _____ ángulos: ____

6. lados: _____ ángulos: ____

7. lados: _____ ángulos: ____

8. lados: _____ ángulos: ____

9. lados: _____ ángulos: ____

10. lados: _____ ángulos: ____

1	
2	
3	
4	
5	
6	
7	
8	
9	
10	
Puntaje	

Resolución de problemas

Si un bus puede llevar a 60 pasajeros, ¿cuántos buses se necesitan para llevar a 143 personas?

Ejercicios veloces

+

x

Ejercicios de repaso

1. Clasifica de acuerdo a los lados

3 pies   7 pies

6 pies

2. Clasifica de acuerdo a los ángulos.

60°   30°

3. Clasifica de acuerdo a los lados y los ángulos.

lados: _____
ángulos: ____

8 pies   8 pies

10 pies

4. Encuentra el 60% de 75.

Pistas útiles

La distancia alrededor de un polígono es su perímetro.

Ejemplos:

7 pies 7 pies

8 pies

$\begin{array}{r} 7 \\ 7 \\ + 8 \\ \hline \end{array}$
perímetro = 22 pies

6 pies

$\begin{array}{r} 6 \\ \times 4 \\ \hline \end{array}$
perímetro = 22 pies

4 pies
6 pies

2 x (6 + 4) =
2 x (10) =
perímetro = 22 pies

Encuentra el perímetro de cada uno de los siguientes polígonos.

S.
12 pies
5 pies

S.
5 pies 5 pies
6 pies
7 pies 7 pies

1.
10 pies
8 pies   11 pies
18 pies

2.
12 pies

3.
12 pies   14 pies
7 pies

4.
9 pies

5.
13 pies
22 pies

6.
10 pies
8 pies   8 pies
15 pies

7.
75 millas   75 millas
75 millas

8.
8 pies
7 pies   7 pies
6 pies
6 pies

9.
21 pies
22 pies

10.
12 pies
6 pies
6 pies
5 pies 2 pies
3 pies

1	
2	
3	
4	
5	
6	
7	
8	
9	
10	
Puntaje	

Resolución de problemas

Un patio tiene la forma de un rectángulo que tiene 40 pies de ancho y 55 pies de largo. ¿Cuántos pies de reja se necesitan para ir alrededor de todo el patio?

La geometría

Ejercicios veloces

+

X

Ejercicios de repaso

1. Encuentra el perímetro.

7 pies | 16 pies |

2. Encuentra el perímetro

14 pies

3. ¿6 es qué % de 30?

$$\frac{3}{4}$$
$$-\frac{1}{3}$$

Pistas útiles

Estas son las partes de un círculo.

cuerda

diámetro

radio

centro

*El largo del diámetro es dos veces el largo del radio

Usa la figura para responder las siguientes preguntas.

Círculo A

Círculo B

S. ¿Qué parte del círculo es CE?

S. Nombra 2 cuerdas en el círculo B.

1. ¿Qué parte del círculo A es DF?

2. ¿Qué parte del círculo B es VT?

3. Nombra 3 radios del círculo A.

4. Nombra 2 cuerdas del círculo A

5. Si el largo de CE es 16 pies, ¿cuál es el largo de CD?

6. Nombra el centro del círculo B.

7. Nombra 2 cuerdas del círculo B.

8. Si PS en el círculo B mide 24 pies, ¿cuál es el largo de XS?

9. Nombra 2 radios del círculo B.

10 Nombra un diámetro en el círculo B.

1	
2	
3	
4	
5	
6	
7	
8	
9	
10	
Puntaje	

Resolución de problemas

Una ciudad tiene la forma de un cuadrado. Si su perímetro es 64 millas, ¿cuánto mide cada lado de la ciudad?

La geometría

Ejercicios veloces	Ejercicios de repaso

+

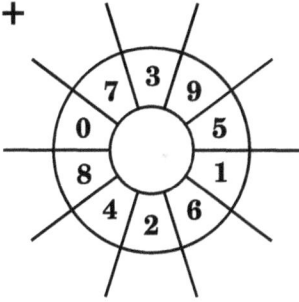

X

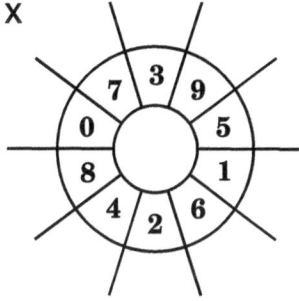

Pistas útiles

1. $325 + 16 + 9 =$

2. $3 \times 4.27 =$

3. $.3 \overline{)1.23}$

4. $7.6 + 14 + .3 + 2.14 =$

La distancia alrededor de un círculo se llama su circunferencia. La letra griega π = pi = 3.14 o 22/7. Para encontrar la circunferencia, multiplica π × d. C = π × d

Ejemplos:

C = Π x d
= 3.14 x 6

3.14
x 6
18.84 pies

C = Π x d
$= \frac{22}{7_1} \times \frac{\cancel{14}^2}{1}$ 44 pies

(Pista: Si el diámetro es divisible por 7, usa π = 22/7)

Encuentra la circunferencia de cada uno de los siguientes círculos. Si no hay una figura, dibuja un bosquejo.

S.

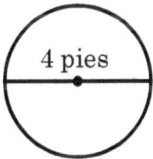
4 pies

S.

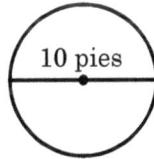
10 pies

1.

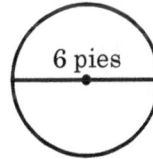
6 pies

2.

4 pies

3. Un círculo cuyo diámetro es 9 pies

4. Un círculo cuyo radio es 14 pies

5.

12 pies

6.

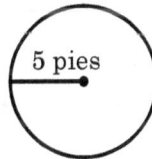
5 pies

7. Un círculo cuyo radio es 2 pies

1	
2	
3	
4	
5	
6	
7	
Puntaje	

Resolución de problemas

Un jardín tiene la forma de un círculo. Si su diámetro es de 12 pies, ¿cuál es la distancia alrededor del jardín?

Ejercicios veloces

+

×

Pistas útiles

Ejercicios de repaso

1.
$$\begin{array}{r} 3.2 \\ \times\ 6.1 \\ \hline \end{array}$$

2. $\dfrac{3}{4}$ x $1\dfrac{1}{3}$ =

3. $2\dfrac{1}{2}$ x $1\dfrac{1}{5}$ =

4. 7 x 32.5 =

El número de unidades cuadradas que se requieren para cubrir una región se llama su área.

Ejemplos:

el área de un cuadrado = lado × lado

el área de un rectángulo = largo × ancho

$s = 7$ pies
A = s x s
A = 7 x 7
$$\begin{array}{r} 7 \\ \times\ 7 \\ \hline 49 \text{ pies cuadrados} \end{array}$$

$w = 7$ pies
$l = 12$ pies
A = l x w
A = 12 x 7
$$\begin{array}{r} 12 \\ \times\ 7 \\ \hline 84 \text{ pies cuadrados} \end{array}$$

Pistas: 1. Comienza con las fórmulas 2. Sustituye los valores 3. Resuelve el problema

---

Encuentra las siguientes áreas.

S. 13 pies

S. 15 pies / 11 pies

1. 14 pies / 6 pies

2. 20 pies

3. Un triángulo cuya base mide 5 pies y su altura mide 7 pies

4. 2.5 pies / 4.3 pies

5. 4½ pies / 1⅓ pies

6. 25 pies

7. Un cuadrado cuyo lado mide 2½ pies.

1	
2	
3	
4	
5	
6	
7	
Puntaje	

Resolución de problemas

Un piso tiene la forma de un rectángulo. El largo es 14 pies y el ancho es 13 pies. ¿Cuál es el área del piso?

Ejercicios veloces	Ejercicios de repaso

+

x

Pistas útiles

1. Encuentra el área

16 pies

14 pies

2. Encuentra el área

16 pies

3. Encuentra la circunferencia

8 pies

4. Encuentra la circunferencia

7 pies

Área de un triángulo = $\dfrac{base \times altura}{2} = \dfrac{b \times h}{2}$ Área de un paralelogramo = base × altura = b × h

Ejemplos:

$A = \dfrac{b \times h}{2}$ altura = 8 pies $A = \dfrac{7 \times 8}{2} = \dfrac{56}{2}$

base = 7 pies   28 pies cuad.   2 ⟌ 56

altura = 5 pies $A = b \times h$ $A = 12 \times 5$

base = 12 pies

$12 \times 5 \over 60$ pies cuadrados

Encuentra las siguientes áreas.

S.

6 pies

13 pies

S.

11 pies

14 pies

1.

9 pies

12 pies

2.

11 pies

16 pies

3. Un triángulo cuya base mide 5 pies y su altura mide 7 pies.

4. Un paralelogramo cuya base mide 13 pies y su altura mide 7 pies.

5.

14 pies

12 pies

6.

9 pies

13 pies

7.

13 pies

11 pies

1	
2	
3	
4	
5	
6	
7	
Puntaje	

Resolución de problemas

Un campo deportivo tiene la forma de un círculo con un diámetro de 30 pies. ¿Cuál es la distancia alrededor del campo?

Ejercicios veloces	Ejercicios de repaso

+

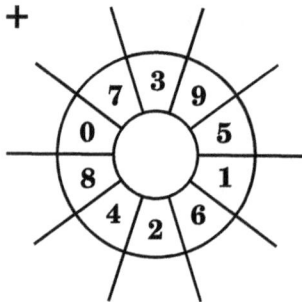

X

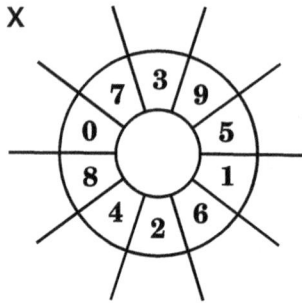

Pistas útiles

1. Encuentra el área

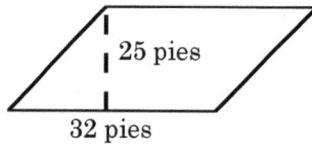
25 pies
32 pies

2. Encuentra el área

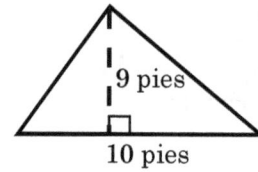
9 pies
10 pies

3. Encuentra el área

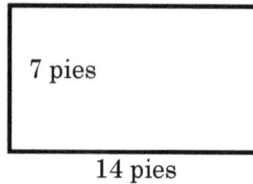
7 pies
14 pies

4. Encuentra el área

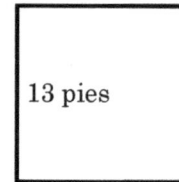
13 pies

El área de un círculo = π × radio × radio   A = π × radio × radio

Si el radio es divisible por 7, usa π = 22/7

Ejemplos:

$A = π × r × r$
$= 3.14 × 3 × 3$
$= 3.14 × 9$

$\begin{array}{r} 3.14 \\ \times\ 9 \\ \hline 28.26 \text{ pies} \\ \text{cuadrados} \end{array}$

3 pies

$A = π × r × r$
$= \dfrac{22}{7_1} × \dfrac{7^1}{1} × \dfrac{7}{1}$
$= 22 × 7$

$\begin{array}{r} 22 \\ \times\ 7 \\ \hline 154 \text{ pies} \\ \text{cuadrados} \end{array}$

14 pies

Encuentra el área de cada uno de los siguientes círculos.

S.

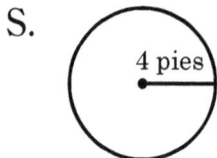
4 pies

S.

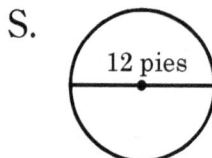
12 pies

1.

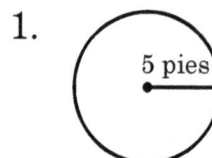
5 pies

2.

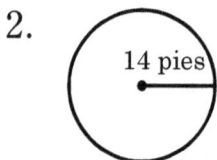
14 pies

3.

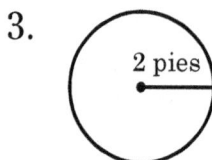
2 pies

4.

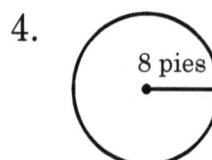
8 pies

5.

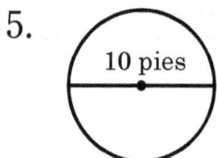
10 pies

6. Un círculo cuyo radio es 6 pies

7. Un círculo cuyo diámetro es 14 pies.

1	
2	
3	
4	
5	
6	
7	
Puntaje	

Resolución de problemas

Un jardín tiene la forma de un círculo. Si su radio mide 12 pies, ¿cuál es la distancia alrededor del jardín?

Ejercicios veloces	**Ejercicios de repaso**

+

7 3 9
0 · 5
8 · 1
4 2 6

x

7 3 9
0 · 5
8 · 1
4 2 6

Pistas útiles

1. Encuentra el perímetro

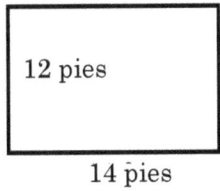

12 pies

14 pies

2. Encuentra el área

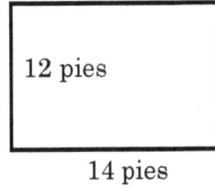

12 pies

14 pies

3. Encuentra la circunferencia

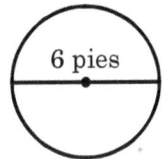

6 pies

4. Encuentra el área

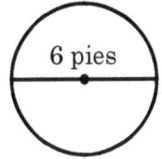

6 pies

Recuerda estas fórmulas. Para áreas: 1. Escribe la fórmula 2. Substituye los valores 3. Resuelve el problema

$d \{ r$

$C = \Pi \times d$
$A = \Pi \times r \times r$

s

$P = 4 \times s$
$A = s \times s$

w

l

$P = 2 (l + w)$
$A = l \times w$

h

b

$P = $ Suma de todos los lados

$A = \dfrac{b \times h}{2}$

h

b

$P = $ Suma de los 4 lados
$A = b \times h$

Encuentra el perímetro o la circunferencia. A continuación, encuentra el área.

1	
2	
3	
4	
5	
6	
7	
Puntaje	

S.

12 pies

7 pies

P =   A =

S.

8 pies   5 pies

8 pies

P =
A =

1.

12 pies

P =
A =

2.

10 pies

12 pies

P =
A =

3.

7 pies   6 pies

12 pies

P =
A =

4.

6 pies

C =
A =

5.

14 pies

C =
A =

6.

10 pies

6 pies

8 pies

P =
A =

7. Un cuadrado cuyo lado mide 8 pies.

P =   A =

Resolución de problemas	Un hombre desea comprar una carpa que tiene forma rectangular. Si su largo es 18 pies y su ancho es 12 pies, ¿cuántos pies cuadrados de lona fueron necesarios para hacer la carpa?

Ejercicios veloces

+

x

Pistas útiles

Ejercicios de repaso

1.
$$\frac{3}{5}$$
$$-\frac{1}{2}$$

2.
$$\frac{2}{3}$$
$$+\frac{1}{2}$$

3. $3\frac{1}{2} \times 3 =$

4. $2\frac{1}{2} \div \frac{1}{2} =$

cubo   prisma triangular   pirámide triangular   cono

vértice   cara   arista

prisma rectangular   esfera   pirámide cuadrada   cilindro

los conos y los cilindros no tienen aristas

Identifica la forma y el número de cada parte.

S.
nombre _____
caras _____
aristas _____
vértices _____

S.
nombre _____
caras _____
aristas _____
vértices _____

1.
nombre _____
caras _____
aristas _____
vértices _____

2.
nombre _____
caras _____
aristas _____
vértices _____

3.
nombre _____
caras _____
aristas _____
vértices _____

4.
nombre _____
caras _____
aristas _____
vértices _____

5.
nombre _____
caras _____
aristas _____
vértices _____

6.
nombre _____

7. ¿Cuántas caras más tiene un cubo que un prisma triangular?

1	
2	
3	
4	
5	
6	
7	
Puntaje	

Resolución de problemas

En una clase de 40 estudiantes, 16 son niñas. ¿Qué porcentaje de la clase son niñas? ¿Qué porcentaje son niños?

La geometría

Usa la figura para responder 1–8

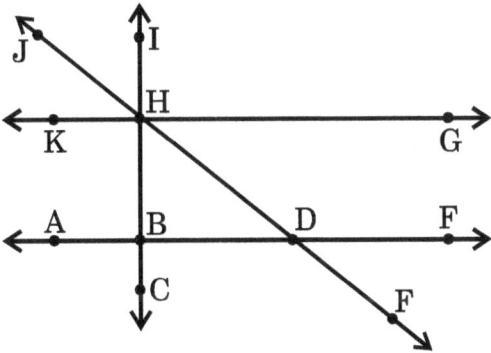

1. Nombra 2 rectas paralelas
2. Nombra 2 rectas perpendiculares
3. Nombra 4 segmentos
4. Nombra 4 rayos
5. Nombra 2 ángulos agudos
6. Nombra 2 ángulos obtusos
7. Nombra 1 ángulo extendido
8. Nombra 2 ángulos rectos

Triángulo A

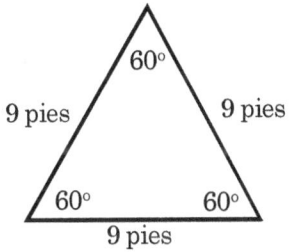

Triángulo B

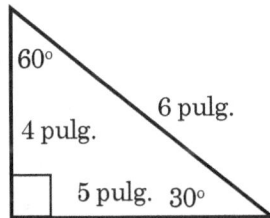

Usa las figuras para responder 9 y 10

9. Clasifica el Triángulo A de acuerdo a sus lados y sus ángulos.
10. Clasifica el Triángulo A de acuerdo a sus lados y sus ángulos.

11. Encuentra el perímetro

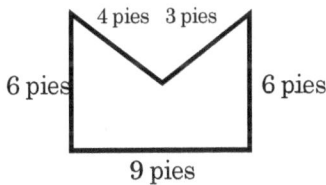

12. Encuentra la circunferencia

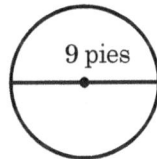

13. Encuentra el área

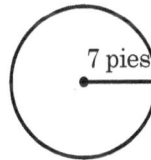

14. Encuentra el área

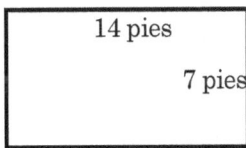

15. Encuentra el área

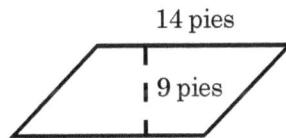

16. Encuentra el área

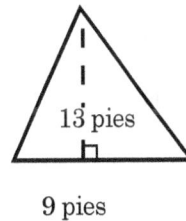

17. Encuentra el área

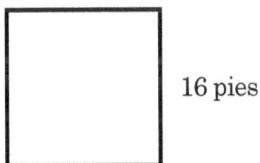

18. Identifica y cuenta las partes

nombre _____
caras _____
aristas _____
vértices _____

19. Encuentra el área

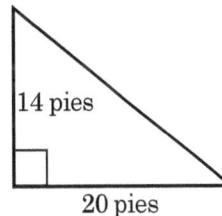

20. Encuentra el perímetro de un cuadrado cuyo lado mide 96 pies.

1	
2	
3	
4	
5	
6	
7	
8	
9	
10	
11	
12	
13	
14	
15	
16	
17	
18	
19	
20	

Los números enteros

Ejercicios veloces

+

```
   7  3  9
  0       5
  8       1
   4  2  6
```

X

```
   7  3  9
  0       5
  8       1
   4  2  6
```

Ejercicios de repaso

1. Encuentra el área

12 pies

13 pies

2. Encuentra la circunferencia

13 pies

3. ¿12 es qué % de 16?

4. Encuentra el 3% de 425

```
←—|—|—|—|—|—|—|—|—|—|—→
 -4 -3 -2 -1 0 1 2 3 4 5
```

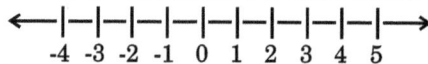

Los números enteros a la izquierda del cero son negativos y son menores que cero. Los números enteros a la derecha del cero son positivos y son mayores que cero. Cuando dos enteros están en una recta numérica, el que está más a la derecha es el mayor. Pista: Siempre encuentra el signo del resultado primero.

Ejemplos: La suma de dos números negativos es negativa.

-7 + -5 = -   7
(el signo es   + 5
negativo)   ‾‾‾‾
               12 = (-12)

Cuando sumes un número negativo y un número positivo, el signo será igual al del número entero que está más lejos del cero. Luego resta

-7 + 9 = +   9
(el signo es   - 7
positivo)   ‾‾‾
               2 = (+2)

Pistas útiles

S. -9 + 12 =

S. -15 + -6 =

1. -15 + 29 =

2. -12 + -6 =

3. 42 + -56 =

4. -15 + -16 =

5. -8 + 32 =

6. -39 + 76 =

7. -96 + -72 =

8. 73 + -86 =

9. -15 + -19 =

10. 72 + -81 =

1	
2	
3	
4	
5	
6	
7	
8	
9	
10	
Puntaje	

Resolución de problemas

560 estudiantes están matriculados en la escuela Lincoln. Si el 40% de ellos va a la escuela en bus, ¿cuántos estudiantes no van a la escuela en bus?

Los números enteros

La suma de más de dos números enteros

Ejercicios veloces	**Ejercicios de repaso**

+

1. -16 + 18 =

2. 16 + -18 =

x

3. -16 + -18 =

4. Encuentra el área

3 pies

Pistas útiles

Cuando sumes más de dos números enteros, agrupa los números negativos y los positivos separadamente y luego súmalos.

Ejemplos:

-6 + 4 + -5 =   11
-11 + 4 = -   - 4
(el signo es negativo) 7 = -7

7 + -3 + -8 + 6 =   13
-11 + 13 = +   - 11
(el signo es positivo) 2 = +2

S. -3 + 5 + -6 =

S. -7 + 6 + -9 + 3 =

1. -3 + -4 + 5 =

2. 7 + -6 + -8 =

3. -15 + 19 + -12 =

4. -6 + 9 + 7 + 4 =

5. -16 + 32 + -18 =

6. -13 + 16 + -8 + 15 =

7. -9 + -7 + -6 =

8. -3 + 7 + -8 + -9 =

9. -32 + 16 + -17 + 8 =

10. -76 + 25 + -33 =

1	
2	
3	
4	
5	
6	
7	
8	
9	
10	
Puntaje	

Resolución de problemas

Los Giants jugaron 36 juegos y ganaron 27. ¿Qué porcentaje ganaron? ¿Qué porcentaje perdieron?

Ejercicios veloces	Ejercicios de repaso

+

1. Encuentra el períme-
   tro de un rectángulo
   cuyo largo es 29 pul-
   gadas y cuyo ancho es
   13 pulgadas.

2. -3 + 7 + -6 + 3 =

x

3. -12 + 27 + -6 =

4. -14 + -12 + 6 + 17 =

Pistas útiles	Restar números enteros significa lo mismo que sumar el número opuesto	**Ejemplos:**

Ejemplos:

-3 - -8 =   8
-3 + 8 = +   - 3
(el signo es positivo) 5 = +5

8 - 10 =   10
8 + -10 = -   - 8
(el signo es negativo) 2 = -2

6 - -7 =   7
6 + 7 = +   + 6
(el signo es positivo) 13 = +13

S. -6 - 8 =

S. -6 - 9 =

1. 3 - -9 =

2. 15 - 18 =

3. -16 - -25 =

4. -16 - 12 =

5. 32 - -14 =

6. 35 - 14 =

7. -6 - 4 =

8. -64 - -53 =

9. -49 - 54 =

10. -63 - -78 =

1	
2	
3	
4	
5	
6	
7	
8	
9	
10	
Puntaje	

Resolución de problemas	Si los huevos cuestan $1.29 por docena, ¿cuánto costarán 7 docenas?

Los números enteros

Ejercicios veloces	Ejercicios de repaso

+

1. -6 - 9 =

2. -6 - -9 =

X

3. 16 - -18 =

4. -66 - 42 =

Pistas útiles	Usa lo que has aprendido para resolver los problemas en esta página	**Ejemplos:**

Ejemplos:

-7 + 4 + -3 + 2 =   10
-10 + 6 = -   - 6
(el signo es negativo)   4 =(-4)

-7 - -6 =   7
-7 + 6 = -   - 6
(el signo es negativo) 1 =(-1)

15 - 36 =   36
15 + -36 = -   - 15
(el signo es negativo) 21 =(-21)

S. -76 + 36 =	S. 9 - -6 =	1. -37 + -16 =

1	

2	

2. -92 + 103 =   3. -7 - 8 =   4. 6 - -9 =

3	
4	

5	

5. -7 + 3 + -8 =   6. 14 + -6 + 3 + -8 =   7. 63 - 96 =

6	

7	

8. 3 - -12 =   9. -326 + 427 =   10. -273 - 408 =

8	
9	
10	
Puntaje	

Resolución de problemas	Un negocio necesita 325 postales para mandárselas a sus clientes. Si las postales vienen en paquetes de 25, ¿cuántos paquetes necesita comprar?

Ejercicios veloces

+

x

Ejercicios de repaso

1. $3 \times 1\dfrac{1}{4} =$

2. $6 \div 1\dfrac{1}{2} =$

3. $\dfrac{3}{4} \times 16 =$

4. $\dfrac{4}{5} \div \dfrac{1}{10} =$

Pistas útiles	El producto de dos números enteros con signos diferentes es negativo. El producto de dos números enteros con el mismo signo es positivo (•significa multiplicar).

Ejemplos:

$$7 \cdot -16 = -$$
(el signo es negativo)

$$\begin{array}{r} 16 \\ \times\ 7 \\ \hline 112 \end{array} = \boxed{-112}$$

$$-8 \cdot -7 = +$$
(el signo es positivo)

$$\begin{array}{r} 8 \\ \times\ 7 \\ \hline 56 \end{array} = \boxed{+56}$$

S. $-3 \times -16 =$

S. $-18 \cdot 7 =$

1. $-4 \cdot -17 =$

2. $16 \times -4 =$

3. $-24 \cdot -12 =$

4. $23 \times -16 =$

5. $-23 \cdot 32 =$

6. $7 \times -19 =$

7. $-3 \cdot -7 =$

8. $-19 \times -20 =$

9. $32 \cdot -8 =$

10. $-16 \cdot -12 =$

1	
2	
3	
4	
5	
6	
7	
8	
9	
10	
Puntaje	

Resolución de problemas

En la noche la temperatura era de 37°. En la mañana había bajado 47°. ¿Cuál era la temperatura en la mañana?

La multiplicación de más de dos factores

Ejercicios veloces	Ejercicios de repaso

+

x

1. -6 + 7 + -2 + 6 =

2. 3 - -7 =

3. -3 • -9 =

4. -6 x -42 =

Pistas útiles

Cuando multipliques más de dos números enteros, agrúpalos en pares para simplificar.
Un número entero junto a un paréntesis significa una multiplicación. **Ejemplos:**

2 • -3 (-6) =   6
(2 • -3) (-6) =   x 6
-6 (-6) = +   36 =(+36)
(el signo es positivo)

-2 • -3 • 4 • -2 =   8
(-2 • -3) • (4 • -2) =   x 6
6 • -8 = -   48 =(-48)
(el signo es negativo)

S. -3 • 7 • -2 =

S. -3 (6) • -3 =

1. 2 (-3) • 4 =

2. -4 • -3 (-4) =

3. 2 • -3 • -4 • 5 =

4. 6 (3) • -4 x (-5) =

5. 1 • -1 • -3 • -2 =

6. (-2) (-3) (-4) =

7. -8 (-1) • 1 (-4) =

8. 4 (-3) • 2 (-3) =

9. (-3) (-2) (3) (4) =

10. 10 (-11) (-3) =

1	
2	
3	
4	
5	
6	
7	
8	
9	
10	
Puntaje	

Resolución de problemas

¿Cuánto ganará un trabajador en 15 horas si gana 1 ½ dólares por hora?

Ejercicios veloces	Ejercicios de repaso

+

1. $6\overline{)607}$

2. $-3\,(4) \cdot -5 =$

x

3. $\begin{array}{r} 12.3 \\ \times\ 7 \\ \hline \end{array}$

4. $7 + .63 + 7.18 =$

Pistas útiles	El cociente de dos números enteros con signos diferentes es negativo. El cociente de dos números enteros con el mismo signo es positivo. (Pista: Determina el signo y luego divide.)	**Ejemplos:** $36 \div -4 = -$ (el signo es negativo) $\quad 4\overline{)\begin{array}{r}9\\36\\-36\\\hline 0\end{array}} = \boxed{-9}$ $\quad \dfrac{-123}{-3} = +$ (el signo es positivo) $\quad 3\overline{)\begin{array}{r}41\\123\\-12\downarrow\\\hline 3\end{array}} = \boxed{+41}$

S. $9 \div -3 =$ S. $\dfrac{-90}{-15} =$ 1. $-64 \div 4 =$

2. $-336 \div -7 =$ 3. $\dfrac{-75}{-5} =$ 4. $104 \div -4 =$

5. $\dfrac{-110}{-5} =$ 6. $288 \div -12 =$ 7. $42 \div -7 =$

8. $714 \div -21 =$ 9. $\dfrac{-65}{-5} =$ 10. $684 \div -36 =$

1	
2	
3	
4	
5	
6	
7	
8	
9	
10	
Puntaje	

Resolución de problemas	Si la temperatura era de −7° a la medianoche y a las 3:00 a.m. la temperatura había bajado 19°, ¿cuál era la temperatura a las 3:00 a.m.?

Los números enteros

Ejercicios veloces	Ejercicios de repaso

+

1. $-36 \div 4 =$

2. $\dfrac{-56}{-7} =$

x

3. $3 \bullet 6 \bullet -5 =$

4. $-2 \, (-3) \, (-4) =$

Pistas útiles | Usa lo que has aprendido para resolver problemas como los siguientes.

Ejemplos: $\dfrac{-36 \div -9}{4 \div -2} = \dfrac{4}{-2} = \boxed{-2}$ (el signo es negativo) $\dfrac{4 \times -8}{-8 \div 2} = \dfrac{-32}{-4} = \boxed{+8}$ (el signo es positivo)

S. $\dfrac{-10 \div 5}{2 \div -1} =$

S. $\dfrac{-4 \bullet -6}{-8 \div 4} =$

1. $\dfrac{-32 \div -4}{-12 \div 3} =$

2. $\dfrac{-6 \times 5}{-30 \div 3} =$

3. $\dfrac{12 \bullet -2}{18 \div 3} =$

4. $\dfrac{-6 \bullet -6}{2 \div -2} =$

5. $\dfrac{54 \div -9}{-18 \div -9} =$

6. $\dfrac{16 \div -2}{-1 \times -4} =$

7. $\dfrac{-75 \div -25}{-3 \div -1} =$

8. $\dfrac{42 \div -2}{-3 \bullet -7} =$

9. $\dfrac{45 \div -5}{-9 \div 3} =$

10. $\dfrac{-56 \div -7}{-36 \div -9} =$

1	
2	
3	
4	
5	
6	
7	
8	
9	
10	
Puntaje	

Resolución de problemas | Un niño tuvo un puntaje de 627 puntos en un juego de video. Este puntaje fue 129 puntos más que el de su hermano. ¿Cuántos puntos tuvo su hermano?

Los números enteros   Repaso de todas las operaciones de los números enteros

Resuelve cada uno de los siguientes problemas.

1. -9 + 7 =

2. 9 + -7 =

3. -9 + -7 =

4. -7 + -8 + 14 =

5. -32 + 16 + 21 + -24 =

6. 7 - 9 =

7. 4 - -9 =

8. -3 - 9 =

9. -13 - 14 =

10. 16 - 17 =

11. 3 • -16 =

12. -4 • -19 =

13. 2 (-7) (-4) =

14. -2 • 3 (-4) • 2 =

15. -36 ÷ 4 =

16. -126 ÷ -3 =

17. $\dfrac{-128}{-8}$ =

18. $\dfrac{-36 \div 2}{24 \div -4}$ =

19. $\dfrac{6 \cdot -3}{-54 \div -6}$ =

20. $\dfrac{-20 \cdot -3}{-30 \div -10}$ =

1	
2	
3	
4	
5	
6	
7	
8	
9	
10	
11	
12	
13	
14	
15	
16	
17	
18	
19	
20	

Ejercicios veloces	Ejercicios de repaso

+

1. Encuentra el área.

7 pies

2. Encuentra el 15% de 65.

x

3. $\dfrac{3}{5} \times 2\dfrac{1}{2} =$

4. $3\dfrac{1}{2} \div 2 =$

Pistas útiles | Los gráficos de barra se usan para comparar información. | 1. Lee el título.
2. Entiende el significado de los números. Haz una estimación si es necesario.
3. Estudia los datos.
4. Responde las preguntas, mostrando tu trabajo si es necesario.

Usa la información en el grafico para responder las preguntas.

Temperatura mensual promedio

S. ¿Qué mes tuvo la segunda temperatura promedio más baja?

S. ¿Cuántos grados menos fue la temperatura promedio en abril que en agosto?

1. ¿En qué mes la temperatura promedio fue 31°?

2. ¿En qué mes la temperatura promedio bajó comparada con el mes anterior?

3. ¿Qué mes tuvo la segunda temperatura promedio más alta?

4. ¿Cuántos grados más fue la temperatura promedio en agosto que en mayo?

5. ¿En qué mes la temperatura promedio subió más comparada con el mes anterior?

6. ¿Qué meses tuvieron temperaturas promedio menores a la temperatura promedio de julio?

7. ¿Cuáles dos meses tuvieron las temperaturas promedios más cercanas?

8. El día más frio de agosto, la temperatura fue 77° ¿Cuánto menos fue esta temperatura que la temperatura promedio?

9. ¿Cuál fue el aumento de la temperatura promedio de mayo a junio?

10. ¿Cuáles meses tuvieron una temperatura promedio menor que la de mayo?

1	
2	
3	
4	
5	
6	
7	
8	
9	
10	
Puntaje	

Resolución de problemas | Una reja alrededor de un jardín tiene la forma de un círculo. Si su diámetro mide 12 yardas, ¿cuál es la distancia alrededor de la reja?

Ejercicios veloces	Ejercicios de repaso

+

x

1. Cambia 15/20 a un porcentaje.

2. Cambia .7 a un porcentaje.

3. Encuentra el área

12 pies

16 pies

4. 12 $\overline{)2643}$

Pistas útiles	1. Lee el título. 2. Entiende el significado de los números. Haz una estimación si es necesario. 3. Estudia los datos. 4. Responde las preguntas, mostrando tu trabajo si es necesario.

Usa la información en el grafico para responder las preguntas.

Las poblaciones de las ciudades en el condado de Riverdale

Mayfield
Springdale
Auberry
Lincoln
Sun City
Winston

0 1 2 3 4 5 6 7 8

Número de personas en 100s

S. ¿Cuáles dos ciudades tienen la misma población?

S. ¿Cuál es la población combinada de Mayfield y Lincoln?

1. Se espera que dentro de 3 años, la población de Lincoln se duplique. ¿Cuál será su población en 3 años?

2. ¿Cuántas personas más viven en Springdale que en Auberry?

3. ¿Cuál es diferencia entre las poblaciones de la ciudad más grande y la más pequeña?

4. ¿Cuál es la población total del condado de Riverdale?

5. ¿Cuánta más gente vive en Sun City que en Mayfield?

6. Para alcanzar una población de 900, ¿cuánto debe crecer Mayfield?

7. ¿Cuál es la población total de las dos ciudades más grandes?

8. ¿Cuánta gente debe mudarse a Winston para que su población sea igual que la de Springdale?

9. ¿Cuál ciudad tiene aproximadamente el doble de la población de Auberry?

10. ¿Cuál es la población total de todas las ciudades cuya población es menor que 500?

1	
2	
3	
4	
5	
6	
7	
8	
9	
10	
Puntaje	

Resolución de problemas	Una fábrica puede hacer una parte en 1 ½ minutos. ¿Cuántas partes puede hacer en 30 minutos?

Ejercicios veloces

+

X

Ejercicios de repaso

1. Encuentra el área.

6 pies

13 pies

2. Clasifica el triángulo.

lados _____

ángulos _____

5 100° 9

50°   30°

12

3. 1,000 x 2.365

4.
$$7.23$$
$$\underline{\times\ 6}$$

Pistas útiles	Los gráficos de líneas se usan para mostrar cambios y relaciones entre cantidades.	1. Lee el título. 2. Entiende el significado de los números. Haz una estimación si es necesario. 3. Estudia los datos. 4. Responde las preguntas, mostrando tu trabajo si es necesario.

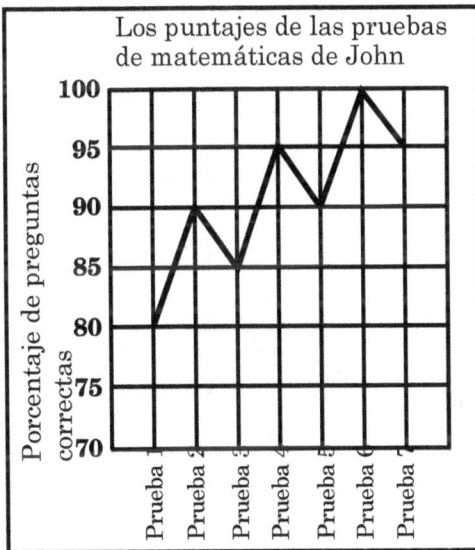

Los puntajes de las pruebas de matemáticas de John

S. ¿Cuál fue el puntaje de John en la prueba 5?

S. ¿Cuánto mejoró el puntaje de John en la prueba 7 comparado con la prueba 3?

1. ¿Cuáles fueron las tres pruebas en las que John obtuvo los mejores puntajes?

2. ¿Cuál es la diferencia entre el puntaje más alto y el más bajo?

3. Encuentra el puntaje promedio de John, sumando todos sus puntajes y dividiendo la suma por el número de pruebas.

4. ¿Cuántos puntajes tuvo que fueron menores que su puntaje promedio?

5. ¿Cuáles fueron sus dos puntajes más bajos?

6. ¿Cuál es el promedio de su puntaje más bajo y su puntaje más alto?

7. ¿Cuánto mejoró el puntaje de la prueba 4 comparado con el de la prueba 1?

8. ¿Cuál fue la diferencia entre su puntaje más alto y su segundo puntaje más bajo?

9. ¿En cuántas pruebas su puntaje mejoró comparado con la prueba anterior?

10. ¿El desempeño de John en general mejoró o empeoró?

1	
2	
3	
4	
5	
6	
7	
8	
9	
10	
Puntaje	

Resolución de problemas	Un boleto para el cine cuesta $3.75. ¿Cuánto costarán 7 boletos?

Los gráficos

Ejercicios veloces	Ejercicios de repaso

+

X

1.
$$\frac{4}{5}$$
$$+ \frac{3}{5}$$

2.
$$\frac{7}{8}$$
$$- \frac{1}{8}$$

3.
$$3$$
$$- 1\frac{1}{7}$$

4.
$$3\frac{1}{3}$$
$$- 1\frac{2}{3}$$

Pistas útiles

1. Lee el título.
2. Entiende el significado de los números. Haz una estimación si es necesario.
3. Estudia los datos.
4. Responde las preguntas, mostrando tu trabajo, si es necesario.

Usa la información en el gráfico para responder las preguntas.

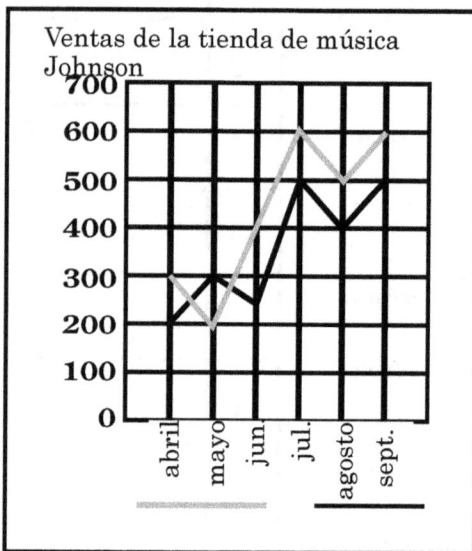

Ventas de la tienda de música Johnson

S. ¿En qué mes se vendieron más casetes?

S. ¿Cuántos CDs más que casetes se vendieron en agosto?

1. ¿Cuál fue la cantidad total de CDs que se vendieron en mayo y agosto?

2. ¿Cuántos CDs más se vendieron en julio que en agosto?

3. ¿En qué mes se vendieron más casetes que CDs?

4. ¿Entre todos los meses en que se vendieron más CDs que casetes, en qué mes la diferencia fue mayor?

5. ¿Cuál fue la diferencia entre las ventas de CDs y casetes en Septiembre?

6. ¿Cuál fueron los dos meses con las mayores ventas totales?

7. ¿Cuál fue el número total de CDs y casetes que se vendieron en septiembre?

8. ¿Cuánto aumentaron las ventas de CDs entre mayo y junio?

9. ¿Cuánto disminuyeron las ventas de CDs entre julio y agosto?

10. ¿Cuáles fueron los dos meses con las menores ventas totales?

1	
2	
3	
4	
5	
6	
7	
8	
9	
10	
Puntaje	

Resolución de problemas

Los puntajes en las pruebas de Bill fueron 75, 80 y 100. ¿Cuál fue su promedio?

Ejercicios veloces	Ejercicios de repaso

+

1. 32 + -76 =

2. 6 - -9 =

X

3. 3 • -7 =

4. Encuentra el 6% de 125

Pistas útiles

Un gráfico circular muestra la relación entre las partes y el entero y también entre las distintas partes.

1. Lee el título.
2. Entiende el significado de los números. Haz una estimación si es necesario.
3. Estudia los datos.
4. Responde las preguntas, mostrando tu trabajo si es necesario.

Usa la información en el gráfico para responder las preguntas.

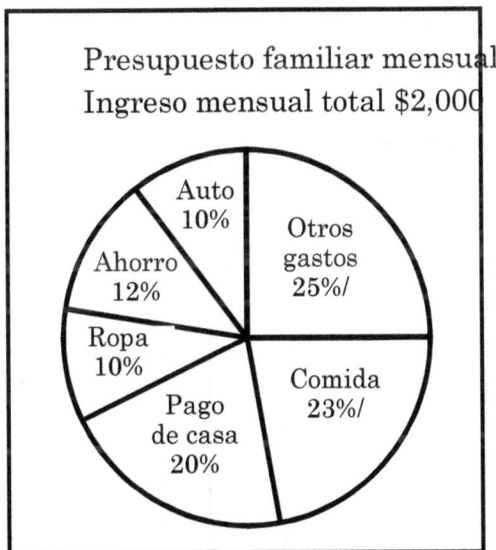

Presupuesto familiar mensual
Ingreso mensual total $2,000

¿Qué porcentaje del presupuesto familiar se gasta en comida?

Después del pago del auto y de la casa, ¿qué porcentaje del presupuesto queda?

¿Qué porcentaje del presupuesto se usa para pagar la comida y la ropa?

¿Cuántos dólares se gastan en comida cada mes? (Pista: Encuentra el 23% de $2,000.00)

¿Cuántos dólares se gastan en ropa?

¿Cuántos dólares se gastan en el pago de la casa?

¿Qué porcentaje del presupuesto se requiere para los tres ítems más grandes?

¿Qué porcentaje del presupuesto se requiere para el ahorro, la ropa y el auto?

¿Cuál es el ingreso total en doce meses?

¿Qué porcentaje del presupuesto queda después del pago de la casa?

¿Cuáles son los dos ítems que requieren el mismo porcentaje del presupuesto?

¿Qué parte del presupuesto pagaría los gastos médicos?

1	
2	
3	
4	
5	
6	
7	
8	
9	
10	
Puntaje	

Resolución de problemas

Si un avión puede viajar a 350 millas por hora, ¿qué distancia puede viajar en 3.5 horas?

Ejercicios veloces	Ejercicios de repaso

+

x

Reduce 12/16 a sus términos más sencillos.

Cambia 6/8 a un porcentaje.

3. 15 es qué % de 20?

4. -33 + 16 =

Pistas útiles	Los gráficos circulares pueden ser usados para mostrar partes fraccionarias	1. Lee el título. 2. Entiende el significado de los números. 3. Estudia los datos. 4. Responde las preguntas.

Usa la información en el gráfico para responder las preguntas.

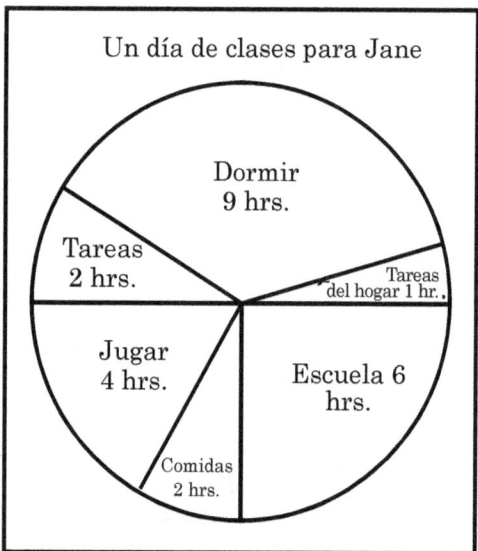

Un día de clases para Jane

S. ¿Qué fracción del día Jane pasa jugando?

S. ¿Qué fracción del día de Jane se usa para la escuela?

1. ¿Cuántas horas más pasa Jane durmiendo que jugando cada día?

2. ¿Cuántas horas de tareas tiene Jane cada semana?

3. ¿Cuántas horas al día pasa Jane en actividades relacionadas con la escuela?

4. ¿Qué fracción del día se gasta en la escuela, las tareas y las tareas del hogar?

5. ¿Qué fracción del día pasa Jane en la escuela, durmiendo y en las tareas del hogar?

6. ¿Cuántas horas pasa Jane en la escuela en 3 semanas?

7. Si Jane se acuesta a dormir a las 9:00 p.m., ¿a qué hora se levanta en la mañana?

8. Si la escuela comienza a las 8:30 a.m., ¿a qué hora termina?

9. ¿Cuántas horas a la semana pasa Jane en la escuela y haciendo tareas?

10. ¿Qué fracción del día pasa Jane jugando

1	
2	
3	
4	
5	
6	
7	
8	
9	
10	
Puntaje	

Resolución de problemas	Un dormitorio tiene la forma de un rectángulo, con 14 pies de largo y 12 pies de ancho. ¿Cuántos pies cuadrados de alfombra de muro a muro se necesitan para cubrir el piso?

Ejercicios veloces	Ejercicios de repaso

+

1. 7106 - 774 =

2. 76 x 403 =

X

3. 667 + 19 + 246 =

4. 5 ⟌ 5015

Pistas útiles | Los pictogramas son otra forma de comparar datos estadísticos.

1. Lee el título.
2. Entiende el significado de los números. Haz una estimación si es necesario.
3. Estudia los datos.
4. Responde las preguntas.

Usa la información en el gráfico para responder las preguntas.

Bicicletas hechas por la compañía Street Bike

1986
1987
1988
1989
1990
1991

Cada representa 1,000 bicicletas

S. ¿Cuántas bicicletas se fabricaron en 1989?

S. ¿Cuántas bicicletas más se fabricaron en 1991 que en 1988?

1. ¿En qué año se fabricaron el doble de la cantidad de bicicletas que se hicieron en 1986?

2. ¿Cuál es el número total de bicicletas producidas en 1990 y 1991?

3. ¿Cuáles son los dos años en los que la compañía produjo la mayor cantidad de bicicletas?

4. En 1992 la producción fue el doble de la producción de 1988. ¿Cuántas bicicletas se fabricaron en 1992?

5. ¿Cuál es el número total de bicicletas fabricadas en 1986 y 1991?

6. En 1986 costaba $50 fabricar una bicicleta. ¿Cuánto gastó la compañía fabricando bicicletas ese año?

7. El costo de fabricar una bicicleta subió a $75 en 1991. ¿Cuánto gastó la compañía fabricando bicicletas en 1991?

8. ¿Cuántas bicicletas más se fabricaron en 1991 que en 1986?

9. ¿Cuántas bicicletas se fabricaron durante los tres años más productivos de la compañía?

10. La mitad de las bicicletas hechas en 1989 fueron bicicletas de mujer. ¿Cuántas bicicletas de mujer se fabricaron en 1989?

1	
2	
3	
4	
5	
6	
7	
8	
9	
10	
Puntaje	

Resolución de problemas | Bill, John, María y Sheila juntos ganaron $524. Si desean repartir el dinero en partes iguales, ¿cuánto le toca a cada uno?

Los gráficos

Ejercicios veloces	Ejercicios de repaso

+

x

1. Encuentra el perímetro de un rectángulo cuyo largo es 10 pulgadas y cuyo ancho es 13 pulgadas.

2. Encuentra la circunferencia de un círculo cuyo radio es pies.

3. Encuentra el área de un rectángulo cuyo largo es 26 pulgadas y cuyo ancho es 15 pulgadas.

4. Encuentra el área de un triángulo cuya base mide 8 pies y su altura es 11 pies.

Pistas útiles

1. Lee el título.
2. Entiende el significado de los símbolos. Haz una estimación si es necesario.
3. Estudia los datos.
4. Responde las preguntas.

Usa la información en el gráfico para responder las preguntas.

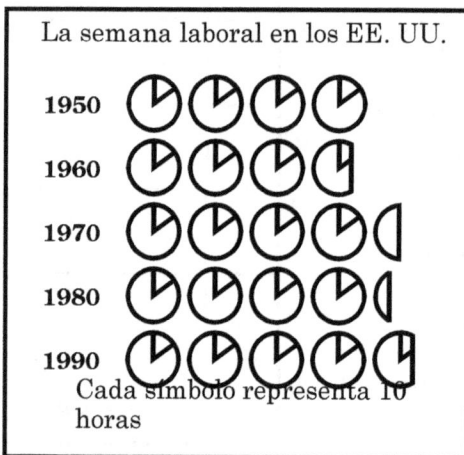

La semana laboral en los EE. UU.

Cada símbolo representa 10 horas

S. ¿En qué año la semana laboral era la más larga?

S. ¿Cuánto más corta era la semana laboral en 1960 que en 1990?

1. ¿Cuántas horas tenía la semana laboral en 1970?

2. ¿Cuántas horas aumentó la semana laboral entre 1980 y 1990?

3. Si el empleado promedio trabaja 50 semanas por año, ¿cuántas horas trabajó en 1950?

4. ¿En qué año la semana laboral era aproximadamente 38 horas?

5. ¿Cuáles son los dos años con las semanas laborales más cortas?

6. ¿Cuántas horas menos tenía la semana laboral en 1950 que en 1980?

7. Si la semana laboral es de 5 días, ¿cuál fue el número promedio de horas de trabajo por día en 1950?

8. En 1990, si un empleado decidió trabajar 4 días a la semana, ¿cuál sería el número promedio de horas de trabajo cada día?

9. Las horas de trabajo que exceden 40 horas a la semana son horas extraordinarias. ¿Cuál era el promedio de horas extraordinarias en 1970?

10. ¿Cuál es la diferencia entre la semana laboral más larga y la más corta?

1	
2	
3	
4	
5	
6	
7	
8	
9	
10	
Puntaje	

Resolución de problemas

Un hombre ganó 5¼ dólares por hora. ¿Cuánto ganaría en 5 horas?

Repaso de los gráficos

Alturas de las cataratas

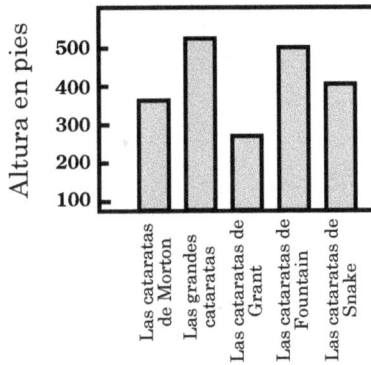

Altura en pies

500
400
300
200
100

Las cataratas de Morton
Las grandes cataratas
Las cataratas de Grant
Las cataratas de Fountain
Las cataratas de Snake

1. ¿Cuál es la catarata más pequeña?

2. Aproximadamente, ¿cuál es la altura de las grandes cataratas?

3. Aproximadamente, ¿cuánto más altas son las cataratas de Morton que las de Grant?

4. ¿Cuál catarata tiene aproximadamente la misma altura que las cataratas de Morton?

5. ¿Cuál catarata es la cuarta más alta?

Presupuesto familiar: $3,000 mensuales

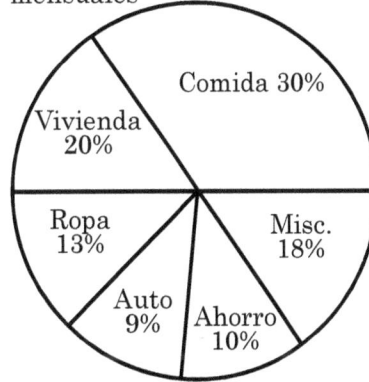

Comida 30%
Vivienda 20%
Ropa 13%
Misc. 18%
Auto 9%
Ahorro 10%

6. ¿Qué porcentaje del dinero de la familia se gasta en ropa?

7. ¿Qué porcentaje del presupuesto se gasta en vivienda?

8. ¿Cuántos dólares se gastan en vivienda cada mes? (Pista: Encuentra el 20% de $3,000)

9. ¿Cuántos dólares ahorran cada mes?

10. ¿Qué porcentaje del presupuesto familiar queda después de pagar los gastos de comida, vivienda y auto?

Temperaturas promedio mensuales

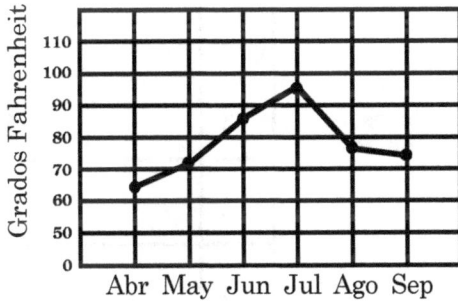

Grados Fahrenheit

110
100
90
80
70
60
50
0

Abr May Jun Jul Ago Sep

11. ¿Cuál es la temperatura promedio en mayo?

12. ¿Cuánto más frio fue abril que julio?

13. ¿Cuál fue el segundo mes más caluroso?

14. ¿En qué mes se produjo la mayor disminución de temperatura comparada con el mes anterior?

15. ¿Cuál es la diferencia de temperatura entre el mes más caluroso y el segundo mes más caluroso?

Peces capturados en la Bahía de Drakes en 1991

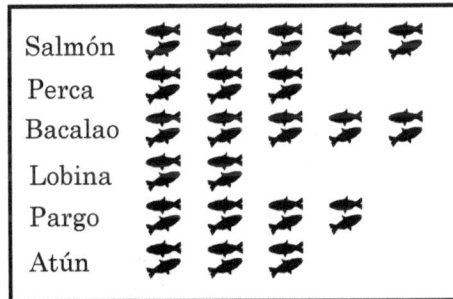

Salmón		
Perca		
Bacalao		
Lobina		
Pargo		
Atún		

Cada símbolo representa 10,000 peces

16. ¿Cuántas percas fueron capturadas en 1991?

17. ¿Cuántos pargos más fueron capturados que lobinas?

18. ¿Cuántos salmones y bacalaos fueron capturados?

19. Si la perca promedio pesa 3 libras, ¿cuántas libras fueron capturadas en 1991?

20. ¿Cuáles son los tres tipos más comunes de peces capturados?

1	
2	
3	
4	
5	
6	
7	
8	
9	
10	
11	
12	
13	
14	
15	
16	
17	
18	
19	
20	

Ejercicios veloces	Ejercicios de repaso

+

x

1. $376 + 92 + 743 =$

2. $2{,}106 - 1{,}567 =$

3. $\begin{array}{r} 724 \\ \times\ 16 \\ \hline \end{array}$

4. $7\overline{)1137}$

Pistas útiles

1. Lee cuidadosamente el problema
2. Encuentra los hechos y los números importantes
3. Decide qué operaciones vas a usar.
4. Resuelve el problema.

*Algunas veces dibujar un diagrama de practica puede ser útil.
*Algunas veces se necesita una fórmula.
*Algunas veces leer un problema más de una vez ayuda.
*Muestra todo tu trabajo y escribe una frase para cada resultado.

S. Hay tres clases de sexto año con matrículas de 36, 37 y 33 estudiantes respectivamente. ¿Cuántos estudiantes de sexto año hay en total?

1. El año pasado fueron 38,653 personas a ver el juego de los Hawks. Este año hubo 45,629 espectadores. ¿Cuál fue el aumento en el número de espectadores?

3. Una escuela está ofreciendo una obra de teatro. El martes hubo 467 espectadores, el sábado 655 y el domingo 596. ¿Cuál fue el total de espectadores?

5. Si un avión viaja a 750 millas por hora, ¿qué distancia recorre en 12 horas?

7. El estanque de combustible de un auto tiene una capacidad de 12 galones. Si el auto puede viajar 23 millas por cada galón, ¿qué distancia puede recorrer el auto?

9. Una cuerda tiene 544 pies de largo. Si se corta en trozos de 2 pies de largo, ¿cuántos trozos habrán?

S. Una familia condujo 355 millas cada día por 7 días. ¿Qué distancia recorrieron en total?

2. 7 amigos ganaron 1,463 dólares. Si desean dividir el dinero en partes iguales, ¿cuánto le toca a cada persona?

4. En una elección, John recibió 2,637 votos. Julia recibió 2,904 votos. ¿Cuántos votos más recibió Julia que John?

6. Un auto viajó 295 millas en 5 horas. ¿Cuál fue la velocidad promedio?

8. Un campo tiene forma triangular, con lados que miden 265 pies, 379 pies y 189 pies. ¿Cuántos pies es la distancia alrededor del campo?

10. Una biblioteca tiene 2,365 libros de ficción, 2,011 libros que no son de ficción y 796 libros de referencia. ¿Cuántos libros hay en total?

1	
2	
3	
4	
5	
6	
7	
8	
9	
10	
Puntaje	

Resolución de problemas

Ejercicios veloces

Ejercicios de repaso

+

x

1. $\dfrac{3}{5}$

$+ \dfrac{1}{2}$

2. $\dfrac{7}{8}$

$- \dfrac{1}{4}$

3. $2\dfrac{1}{2} \times 3 =$

4. $7\dfrac{1}{2} \div 1\dfrac{1}{2} =$

Pistas útiles	1. Lee cuidadosamente el problema 2. Encuentra los hechos y los números importantes 3. Decide qué operaciones vas a usar. 4. Resuelve el problema.	*Algunas veces dibujar un diagrama de practica puede ser útil. *Algunas veces se necesita una fórmula. *Algunas veces leer un problema más de una vez ayuda. *Muestra todo tu trabajo y escribe una frase para cada resultado.

S. Un pastelero usa 2¼ tazas de harina para un pastel y 1 3/5 tazas de harina para una tarta. ¿Cuánta harina usó?

S. Una cinta tiene 5 ½ pies de largo. Se cortó en trozos cuyo largo era ½ pie. ¿Cuántos trozos había?

1. Bill pesaba 124¼ libras hace tres meses. Si ahora pesa 132½ libras, ¿cuántas libras ganó?

2. Steve ganó 60 dólares y gastó 2/3. ¿Cuántos dólares gastó?

3. Una pista de carreras tiene un largo de 2½ millas. ¿Qué distancia recorrerá un auto que da 12 vueltas?

4. Un hombre puede conducir hasta su trabajo en 12 ½ minutos y para llegar a su casa necesita 16¾ minutos. ¿Cuál es el tiempo total que necesita conducir hacia su trabajo y de vuelta a su casa?

5. ¿Cuál es el perímetro de un área con flores en un jardín que tiene la forma de un cuadrado cuyo lado mide 8½ pies?

6. Andy compró 6 melones, cuyo peso total fue 16 libras. ¿Cuál fue el peso promedio de cada melón? (Expresa tu respuesta como un número mixto.)

7. Si un cocinero tenía 5¼ libras de carne y uso 3¾ libras, ¿cuántas libras le quedan?

8. Sue trabajó 7 ½ horas el lunes y 6¼ horas el martes. ¿Cuántas horas trabajó en total?

9. Un auto puede viajar 50 millas en una hora. A esta velocidad, ¿qué distancia puede recorrer en 2½ horas?

10. Una fábrica puede producir un neumático en 2½ minutos. ¿Cuántos neumáticos puede fabricar en 40 minutos?

1	
2	
3	
4	
5	
6	
7	
8	
9	
10	
Puntaje	

Resolución de problemas

Ejercicios veloces	Ejercicios de repaso

+

1. $3.26 + $4.19 + $6.24 =

2.
$7.00
− $3.56

x

3.
$3.92
x   6

4.
7) $15.33

Pistas útiles

1. Lee cuidadosamente el problema
2. Encuentra los hechos y los números importantes
3. Decide qué operaciones vas a usar.
4. Resuelve el problema.

*Algunas veces dibujar un diagrama de practica puede ser útil.
*Algunas veces se necesita una fórmula.
*Algunas veces leer un problema más de una vez ayuda.
*Muestra todo tu trabajo y escribe una frase para cada resultado.

S. Si 6 docenas de lápices cuestan $8.64, ¿cuánto cuesta 1 docena?

S. Encuentra la velocidad promedio de un jet que viajó 1350 millas en 2.5 horas.

1. Las papas cuestan $3.19 por libra y las zanahorias cuestan $2.78 por libra. ¿Cuánto más caras son las papas por libra?

2. Un hombre compró una silla por $125.50, un escritorio por $279.25 y una lámpara por $24.95. ¿Cuál fue el costo total?

3. ¿Cuál es el área de una granja de forma rectangular que tiene 1.8 millas de largo y 1.3 millas de ancho?

4. Si 12 latas de maíz cuestan $13.68, ¿cuál es el costo de una lata?

5. Un avión puede viajar 240 millas en una hora. A esta velocidad, ¿qué distancia puede viajar en .8 horas?

6. Un saco de papas cuesta $2.70. Si el precio por libra es $.45, ¿cuántas libras de papas hay en el saco?

7. Un guante de béisbol estaba rebajado a $24.95. Si el precio regular era $35.50, ¿cuánto se ahorra comprándolo a precio rebajado?

8. Tom pesa 129.6 libras y Bill pesa 135.25 libras. ¿Cuál es su peso combinado?

9. Si 6 libras de mantequilla cuestan $5.34, ¿cuál es el precio por libra?

10. Un motor usa 2.5 galones de gasolina por hora. ¿Cuántos galones usará en 3.2 horas?

1	
2	
3	
4	
5	
6	
7	
8	
9	
10	
Puntaje	

Resolución de problemas

Ejercicios veloces	Ejercicios de repaso

+

x

1. Encuentra el 16% de 230

2. ¿Cuánto es el 20% de 25?

3. Encuentra el área

7 pies

4. Encuentra el área

16 pies

9 pies

Pistas útiles	Usa lo que has aprendido para resolver los siguientes problemas	1. Lee cuidadosamente el problema. 2. Encuentra los hechos y los números importantes. 3. Decide qué operaciones vas a usar. 4. Resuelve el problema.

S. Una cuerda cuyo largo es 6 pies debe cortarse en trozos que tengan un largo de 1 ½ pies. ¿Cuántos trozos resultarán?

1. ¿Cuál es el perímetro de un campo cuadrado cuyo lado mide 139 pies?

3. Sam tuvo un puntaje total de 356 en 4 pruebas. ¿Cuál fue su puntaje promedio?

5. Un hombre gana 3 ½ dólares en 1 hora. ¿Cuánto ganará en 8 horas?

7. Después de comprar comestibles, un hombre tenía $13.64. Al comienzo tenía $50.00. ¿Cuánto costaron los comestibles?

9. La población de Sun City es 202,516. La población de Elk Grove es 178,319. ¿Cuánto más grande es la población de Sun City?

S. Si una lata de refresco cuesta $.35, ¿cuánto latas de refresco se pueden comprar con $5.60?

2. 2. La carne cuesta $4.80 por libra. ¿Cuánto costarán .7 libras?

4. Un carpintero necesita pegar tres tablas que miden 3.9, 2.25 y 1.875 pulgadas de ancho. ¿Cuál será el ancho total una vez que las tablas estén pegadas?clases, todas del mismo tamaño, ¿cuántos estudiantes tendrá cada clase?

6. Una tabla tiene 9 pies de largo. Si corta un trozo con un largo de 2 ¾ pies, ¿cuánto mide la parte que queda?

8. Una escuela tiene 600 estudiantes en el séptimo año. Si se les agrupa en 15 clases, todas del mismo tamaño, ¿cuántos estudiantes tendrá cada clase?

10. Un ranchero tiene 360 vacas. Si decide vender ¾ de sus vacas, ¿cuántas vacas venderá?

1	
2	
3	
4	
5	
6	
7	
8	
9	
10	
Puntaje	

Ejercicios veloces	Ejercicios de repaso

+

X

1. $2\overline{)73}$　　　　2. $5\overline{)1172}$

3. $12\overline{)763}$　　　　4. $25\overline{)5265}$

Los puntajes de Bill en sus pruebas fueron 78, 87 y 96. ¿Cuál fue su puntaje promedio?

Pistas útiles

1. Lee cuidadosamente el problema.
2. Encuentra los hechos y los números importantes.
3. Decide qué operaciones vas a usar y en qué orden.
4. Resuelve el problema.

S. Los puntajes de Bill en sus pruebas fueron 78, 87 y 96. ¿Cuál fue su puntaje promedio?

S. El dueño de un negocio compró siete cajones de lechuga que pesaban 120 libras cada uno. También compró 12 sacos de papas que pesaban 125 libras en total. ¿Cuál fue el peso total de la lechuga y las papas?

1. Un hombre decidió comprar un auto. Hizo un pago inicial de $500 y acordó hacer 36 pagos mensuales de $250. ¿Cuánto le va a costar el auto?

2. La semana pasada un hombre trabajó 9 horas cada día por cinco días. Esta semana trabajó 36 horas. ¿Cuántas horas trabajó en total?

3. Un agricultor tiene un huerto de árboles con 36 filas de árboles. Hay 22 árboles en cada fila. Si cada árbol produce 14 búsheles de frutas, ¿cuántos búsheles de fruta se producirán en total?

4. Una escuela tiene 7 clases de octavo año con 36 estudiantes en cada clase. Si la escuela tiene 506 alumnos, ¿cuántos alumnos no están en el octavo año?

5. Los buses pueden llevar 75 pasajeros. Si hay 387 estudiantes y 138 padres que van a un juego de fútbol, ¿cuantos buses se necesitan?

6. En una escuela, hay 314 niños y 310 niñas en séptimo año. Si se les debe agrupar en clases de 26 estudiantes cada una, ¿cuántas clases habrá?

7. Un auto viajó 340 millas cada día por 5 días y 250 millas el sexto día. ¿Cuántas millas viajó en total?

8. Un estanque tiene una capacidad de 200,000 galones de combustible. Si un día se sacan 57,000 galones y al día siguiente se sacan 62,000 galones, ¿cuántos galones quedan en el estanque?

9. Hay nueve buses y cada uno puede llevar 85 pasajeros. Si hay 693 personas que compraron un boleto para un viaje, ¿cuántos asientos estarán sin ocuparse?

10. Jim trabajó 50 semanas el año pasado. Cada semana, trabajó 36 horas. Si además trabajó 220 horas de tiempo extraordinario, ¿cuántas horas trabajó en total el año pasado?

1	
2	
3	
4	
5	
6	
7	
8	
9	
10	
Puntaje	

Ejercicios veloces	Ejercicios de repaso

+

x

1. Encuentra el promedio de 14, 42 y 45

2. Encuentra ½ de 3½

3. $2\frac{6}{8} + 1\frac{1}{3} =$

4. $2\frac{3}{4}$
   $+ 3\frac{1}{4}$
   _____

Pistas útiles	1. Lee cuidadosamente el problema. 2. Encuentra los hechos y los números importantes. 3. Decide qué operaciones vas a usar. 4. Resuelve el problema.	*Algunas veces dibujar un diagrama de practica puede ser útil. *Algunas veces se necesita una fórmula. *Algunas veces leer un problema más de una vez ayuda. *Muestra todo tu trabajo y escribe una frase para cada resultado.

S. Un sastre tenía 8 ½ yardas de tela. Cortó 3 trozos cuyo largo era 1 ½ yardas cada uno. ¿Cuánta tela le quedó?

S. Un hombre tenía 56 dólares. Si le dio ½ de esta cantidad a su hijo, ¿cuánto le quedó?

1. Un pintor necesita 7 galones de pintura. Ya tiene 2½ galones en una lata y 3 ¼ galones en otra lata. ¿Cuántos galones adicionales necesita?

2. Hay 30 personas en una clase. Si 2/5 son niños, ¿cuántas niñas hay?

3. Bill trabajó 5 ½ horas el lunes y 6 ¾ horas el martes. Si le pagaron 8 dólares por hora, ¿cuánto le pagaron en total?por vender?

4. Susana hizo 36 pulseras la semana pasada y 42 esta semana. Si vendió la mitad de las pulseras, ¿cuántas pulseras vendió?

5. La hacienda de Joe tiene 4,000 acres. ¼ del terreno se usa para cultivos. Del resto, 2/3 se usan para pastoreo. ¿Cuántos acres se usan para pastoreo?

6. Una hizo un viaje de 400 millas. Si viajaron ¼ de la distancia el primer día, ¿cuántas millas les quedaban?

7. Una tienda tiene 20 pies de alambre de cobre. Si el alambre se corta en trozos cuyo largo es 2 ½ pies cada uno y cada trozo se vende en 6 dólares, ¿cuánto costarían todos los trozos?

8. Un jardín de forma rectangular tiene 30 pies de largo y 20 pies de ancho. Si 1/3 se usa para cebollas, ¿cuántos pies cuadrados del jardín se usan para las cebollas?

9. Un agricultor recogió 6 ½ búsheles de fruta cada día por 5 días. Luego vendió 15 ½ búsheles. ¿Cuántos búsheles le quedaron por vender?

10. Un hombre compró 12 ½ libras de carne. Puso 10 ¼ libras en su congelador. Uso 3/5 del resto para cocinar un estofado. ¿Cuántas libras usó para el estofado?

1	
2	
3	
4	
5	
6	
7	
8	
9	
10	
Puntaje	

Ejercicios veloces	Ejercicios de repaso

+

1. 4.3 + 7.6 + 7.97 =

2.   .6 3
      x 3.5

X

1. 2.013 — 1.66 =

4.   3 ⟌ $6.30

Pistas útiles

1. Lee cuidadosamente el problema.
2. Encuentra los hechos y los números importantes.
3. Decide qué operaciones vas a usar.
4. Resuelve el problema.

*Algunas veces dibujar un diagrama de practica puede ser útil.
*Algunas veces se necesita una fórmula.
*Algunas veces leer un problema más de una vez ayuda.
*Muestra todo tu trabajo y escribe una frase para cada resultado.

S. Un hombre compró 5 bolsas de papas fritas a $1.39 cada una y una pizza grande por $9.95, ¿cuánto gastó en total?

S. La Sra. Jones compró un martillo por $6.75 y un desatornillador por $5.19. Si pagó con un billete de $20, ¿cuánto vuelto recibió?

1. Un hombre compró un auto. Hizo un pago inicial de $1500.00 y luego pagó $250 cada mes por 36 meses. ¿Cuánto pagó en total?

2. Jill fue en un viaje de 126 millas. Si su auto da 21 millas por galón y la gasolina cuesta $1.19 por galón, ¿cuál será el costo del viaje?

3. Susana trabajó 30 horas y le pagaron $4.15 por hora. Si compró un par de zapatos por $16.55, ¿cuánto dinero le quedó?

4. Las latas de arvejas están rebajadas a 2 por $1.19. ¿Cuánto costarán 12 latas?

5. Los jeans están rebajados a $9.95 cada par. Si el precio regular es $12.25, ¿cuál es el ahorro si se compran 3 pares a precio rebajado?

6. Tres amigos ganaron $3.65 el lunes, $4.75 el martes y $3.75 el miércoles. Si dividieron el dinero en partes iguales, ¿cuánto recibirá cada uno?

7. Una chaqueta cuesta $12. Si el impuesto a las ventas es 7%, ¿cuál fue el precio total de la chaqueta?

8. Un hombre compró 12 galones de gasolina a $1.16 por galón y un cuarto de galón de aceite por $3.19. ¿Cuánto gastó en total?

9. Un piso tiene un largo de 12 pies y un ancho de 10 pies. Si la alfombra cuesta $7.00 por pie cuadrado, ¿cuánto costará alfombrar todo el piso?

10. Las latas de arvejas están a 3 por $1.29. ¿Cuánto costarían una lata de arvejas y una bolsa de papas fritas, cuyo precio es $2.19, juntas?

1	
2	
3	
4	
5	
6	
7	
8	
9	
10	
Puntaje	

Resolución de problemas

Ejercicios veloces

+

x

Ejercicios de repaso

1. Encuentra el 20% de 72

2. ¿6 es qué porcentaje de 24?

3. Encuentra la circunferencia

6 pies

4. Encuentra el perímetro

26 pulg.
14 pulg.

Pistas útiles

Usa lo que has aprendido para resolver los siguientes problemas.

S. Un teatro tiene 12 filas de 8 asientos. Si 2/3 de los asientos están ocupados, ¿cuántos asientos están ocupados?

1. John compró una camisa por $13.55 y un par de zapatos por $27.50. Si pagó con un billete de $50, ¿cuánto vuelto recibió?

3. Hay 3 clases y cada una tiene 32 estudiantes. Si 2/3 de estos estudiantes son niños, ¿cuántos niños hay en estas 3 clases?

5. María está comprando una bicicleta. Hizo un pago inicial de $75.00 y el resto lo paga en 12 cuotas mensuales de $32.00 cada una. ¿Cuánto pagará en total?

7. Bill trabajó 35 horas a $5.00 por hora. Si quiere comprar una bicicleta por $225.00, ¿cuánto dinero adicional debe ganar?

9. Un hombre compró 3 lápices por $1.19 cada uno y un cuaderno por $3.15. ¿Cuánto gastó en total?

S. Los tiempos que Tom tuvo en tres carreras de 100 yardas fueron 11.8 segundos, 12.2 segundos y 12.3 segundos. ¿Cuál fue su tiempo promedio?

2. Un grupo de excursionistas necesitaba viajar 50 millas. Si caminan 9 millas cada día por tres días, ¿cuántas millas les quedan?

4. Si 2 libras de pollo cuestan $3.60, ¿cuánto costarán 10 libras?

6. Un electricista tiene 12 pies de cable. Si lo corta en trozos de 1 ½ pies de largo y cada trozo lo vende en $3.00, ¿cuántos trozos habrá y cuánto costarán en total?

8. Cuando un hombre comenzó una dieta, pesaba 160 ½ libras. La primera semana perdió 3 ¼ libras y la segunda semana perdió 2 ½ libras. ¿Cuánto pesaba después de dos semanas?

10. Un auto viajó 96 millas. Si en promedio da 12 millas por galón y un galón de gasolina cuesta $1.29, ¿cuánto costó el viaje?

1	
2	
3	
4	
5	
6	
7	
8	
9	
10	
Puntaje	

Resolución de problemas

Ejercicios veloces	Ejercicios de repaso

+

x

1. Clasifica de acuerdo a los lados

5 pies   7 pies

8 pies

2. Clasifica de acuerdo a los ángulos

60°   30°

3. Encuentra el perímetro de un triángulo equilátero cuyos lados miden 39 pies.

4. Encuentra el área de un cuadrado cuyo lado mide 16 pies.

Pistas útiles

1. Lee cuidadosamente el problema.
2. Encuentra los hechos y los números importantes.
3. Decide qué operaciones vas a usar y en qué orden.
4. Resuelve el problema.

Lee los problemas por segunda vez.
Haz un bosquejo o un diagrama si es necesario.
Usa una fórmula si es necesario.

S. Bill compró 6 docenas de hot dogs por $2.29 cada docena y 3 docenas de hamburguesas por $6.15 cada docena. ¿Cuánto gastó en total?

1. Dos trenes parten de una estación en direcciones opuestas, uno a 85 millas por hora y el otro a 75 millas por hora. ¿A qué distancia se encontraran los dos trenes después de 3 horas?

3. La clase de la Sra. Jones tiene 32 estudiantes y la clase de la Sra. Jensen tiene 40 estudiantes. El 25% de la clase de las Sra. Jones tuvo una A y el 15% de la clase de la Sra. Jensen tuvo una A. ¿Cuántos estudiantes tuvieron una A?

5. Hay 400 niños y 350 niñas en la escuela Anderson. ¾ de los niños y 3/5 de las niñas toman el bus. ¿Cuántos estudiantes en total toman el bus?

7. Tom terminó una caminata de 30 millas para recaudar dinero. Reunió promesas de donación de $26 por cada una de las primeras 25 millas y de $36 por cada milla extra. ¿Cuánto dinero recaudó en total?

9. Una granja tiene 2000 acres. Si 3/5 se usan para cultivos y ¾ del resto se usan para pastoreo, ¿cuántas acres quedan?

S. Un patio de forma rectangular tiene 16 pies de ancho y 24 pies de largo. ¿Cuántos pies de reja se necesitan para poner reja alrededor? Si cada sección de reja de 5 pies de largo cuesta $35.00, ¿cuánto costará la reja?

2. Una fábrica puede hacer una mesa en 320 minutos y una silla en 8 minutos. ¿Cuánto tiempo tomará fabricar 7 mesas y 15 sillas? Expresa tu resultado en horas y minutos.

4. John puede comprar un auto haciendo un pago inicial de $3,000 y 36 pagos mensuales de $150 o sin un pago inicial y con 48 pagos mensuales de $180. ¿Cuánto ahorraría si paga de acuerdo a la primera alternativa?

6. Un agricultor tenía 600 libras de manzanas. Le dio 200 libras a sus vecinos y vendió ½ del resto a $.75 por libra. ¿Cuánto dinero obtuvo de la venta de manzanas?

8. Un constructor tiene 3 parcelas de terreno. Una tiene 39 acres, otra 37 acres y otra 49 acres. ¿Cuántos lotes de ¼ de acre tiene? Si vendió cada lote por $2,000.00, ¿cuánto recibió por la venta de todos los lotes?

10. Un carpintero compró 3 martillos por $7.99 cada uno, 2 sierras por $12.15 cada una y un taladro por $26.55. ¿Cuánto gastó en total?

1	
2	
3	
4	
5	
6	
7	
8	
9	
10	
Puntaje	

Repaso de la resolución de problemas

1. La matrícula en la escuela Lincoln es de 5,679 estudiantes y en la escuela Jefferson es de 4,968. ¿Cuál es el número total de alumnos matriculados en ambas escuelas?

2. Si un auto viaja 480 millas en 8 horas, ¿cuál es su velocidad promedio?

3. Una clase tiene 35 estudiantes. Si 2/5 de ellos son niños, ¿cuántos niños hay en la clase?

4. Se cortó una cuerda que tiene 7 ½ pies de largo en trozos de 1 ½ pies cada uno. ¿Cuántos trozos había?

5. Tim trabajó 12¼ horas el lunes y 9 2/3 horas el martes. ¿Cuántas horas más trabajó el lunes que el lunes?

6. Un avión puede viajar 360 millas en una hora. ¿Qué distancia puede viajar en .4 horas a esta velocidad?

7. 6 libras de maíz cuestan $4.14. ¿Cuál es el precio por libra?

8. Una camisa estaba rebajada a $12.19. Si el precio regular era $15.65, ¿cuánto se ahorra comprándola a precio rebajado?

9. Los puntajes de Bill en tres pruebas fueron 78, 63 y 96. ¿Cuál fue su puntaje promedio?

10. Un auto viajó 265 millas cada día por 7 días y 325 millas en el octavo día. ¿Cuántas millas viajó en total?

11. Un sastre tenía 7 yardas de tela. Cortó 2 trozos cuyo largo era 1⅓ yardas cada uno. ¿Cuánta tela le quedó?

12. Hay 45 estudiantes en una clase. Si 3/5 son niños, ¿cuántas niñas hay?

13. Un auto viajó 120 millas. Su rendimiento promedio fue de 30 millas por galón. Si la gasolina cuesta $1.09 por galón, ¿cuánto costó el viaje?

14. Un niño compró 4 refrescos por $.39 cada uno y una bolsa de papas fritas por $1.19. ¿Cuánto gastó en total?

15. El piso de un salón rectangular tiene 12 pies de ancho y 14 pies de largo. Si alfombrarlo cuesta $2.00 por pie cuadrado, ¿cuánto costará alfombrar todo el piso?

16. 3 latas de frijoles cuestan $.69. ¿Cuánto costarían 12 latas?

17. Una mujer compró un auto por $6,000.00. Si hizo un pago inicial de $2,000.00 y pagó el resto en cuotas iguales de $400, ¿cuántos pagos hizo?

18. Una granja tenía 3,000 acres. 1/3 del terreno se usaba para pastoreo. 3/5 del resto se usaba para cultivos. ¿Cuántos acres se usaban para cultivos?

19. Un plomero compró 3 lavabos por $129.00 cada uno y 6 grifos por $16.35. ¿Cuánto gastó en total?

20. Un hombre desea enrejar un lote de terreno cuadrado cuyo lado mide 68 pies. ¿Cuántos pies de reja se necesitan? Si cada sección de 8 pies de reja cuesta $25.00, ¿cuánto costará la reja?

1	
2	
3	
4	
5	
6	
7	
8	
9	
10	
11	
12	
13	
14	
15	
16	
17	
18	
19	
20	

Resuelve cada uno de los siguientes problemas.

1.   347   2.   614   3.   6,403 + 763 + 16,799 =
    + 467   723
                          17
                    + 824

4.   6,502 + 2,134 + 654 + 24 =   5.   6,093 + 748 + 83 + 769 =

6.   927   7.   5,392   8.   6,053 − 4,639 =
    − 648   − 1,764

9.   5,000 − 3,286 =   10. 6,003 − 719 =   11.   73
                                                      x 4

12.   7,136   13.   45   14.   342
    x   4   x 37   x 46

15.   643   16. 4⟌526   17. 4⟌1376
    x 246

18. 40⟌568   19. 30⟌7614   20. 18⟌1243

1	
2	
3	
4	
5	
6	
7	
8	
9	
10	
11	
12	
13	
14	
15	
16	
17	
18	
19	
20	

Resuelve cada uno de los siguientes problemas.

1	
2	
3	
4	
5	
6	
7	
8	
9	
10	
11	
12	
13	
14	
15	
16	
17	
18	
19	
20	

1. $\dfrac{4}{7}$
    $+ \dfrac{1}{7}$

2. $\dfrac{7}{8}$
    $+ \dfrac{3}{8}$

3. $\dfrac{3}{5}$
    $+ \dfrac{1}{3}$

4. $3\dfrac{1}{2}$
    $+ 2\dfrac{3}{8}$

5. $7\dfrac{3}{5}$
    $+ 6\dfrac{7}{10}$

6. $\dfrac{7}{8}$
    $- \dfrac{1}{8}$

7. $6\dfrac{1}{4}$
    $- 2\dfrac{3}{4}$

8. 5
    $- 2\dfrac{1}{7}$

9. $7\dfrac{3}{5}$
    $- 2\dfrac{1}{2}$

10. $7\dfrac{1}{4}$
     $- 2\dfrac{1}{3}$

11. $\dfrac{3}{5}$ x $\dfrac{2}{7}$ =

12. $\dfrac{3}{20}$ x $\dfrac{5}{11}$ =

13. $\dfrac{5}{6}$ x 24 =

14. $\dfrac{5}{8}$ x $3\dfrac{1}{5}$ =

15. $2\dfrac{1}{2}$ x $3\dfrac{1}{2}$ =

16. $\dfrac{5}{6}$ ÷ $\dfrac{1}{3}$ =

17. $2\dfrac{1}{3}$ ÷ $\dfrac{1}{2}$ =

18. $2\dfrac{2}{3}$ ÷ 2 =

19. $5\dfrac{1}{2}$ ÷ $1\dfrac{1}{2}$ =

20. 6 ÷ $1\dfrac{1}{3}$ =

Las operaciones de los decimales

Resuelve cada uno de los siguientes problemas.

1.
$$\begin{array}{r} 4.67 \\ 3.5 \\ + \ 3.743 \\ \hline \end{array}$$

2. $.6 + 7.62 + 6.3 =$

3. $16.8 + 6 + 7.9 =$

4.
$$\begin{array}{r} 36.4 \\ - \ 17.8 \\ \hline \end{array}$$

5.
$$\begin{array}{r} 6.3 \\ - \ 3.69 \\ \hline \end{array}$$

6. $72 - 1.68 =$

7.
$$\begin{array}{r} 2.64 \\ \times \ 3 \\ \hline \end{array}$$

8.
$$\begin{array}{r} 2.6 \\ \times \ 73 \\ \hline \end{array}$$

9.
$$\begin{array}{r} .63 \\ \times \ 2.4 \\ \hline \end{array}$$

10.
$$\begin{array}{r} .126 \\ \times \ 4.23 \\ \hline \end{array}$$

11. $10 \times 3.65 =$

12. $1,000 \times 3.6 =$

13. $2 \overline{)4.64}$

14. $5 \overline{)6.7}$

15. $.4 \overline{).124}$

16. $.004 \overline{)1.2}$

17. $.15 \overline{).0045}$

18. $.67 \overline{)8.71}$

19. Cambia 3/5 a un decimal.

20. Cambia 7/20 a un decimal.

1	
2	
3	
4	
5	
6	
7	
8	
9	
10	
11	
12	
13	
14	
15	
16	
17	
18	
19	
20	

Cambia los números 1 al 5 a un porcentaje.

1. $\dfrac{13}{100} =$ 2. $\dfrac{3}{100} =$ 3. $\dfrac{7}{10} =$ 4. $.19 =$ 5. $.6 =$

Cambia los números 6 al 8 a un decimal y una fracción expresada en sus términos más sencillos.

6. $8\% = . \quad = \underline{\quad\quad}$ 7. $18\% = . \quad = \underline{\quad\quad}$ 8. $80\% = . \quad = \underline{\quad\quad}$

Resuelve los siguientes problemas. Escribe toda la información en tus respuestas a los problemas con enunciado.

9. Encuentra el 3% de 74.

10. Encuentra el 40% de 320.

11. Encuentra el 16% de 400.

12. ¿4 es qué % 5?

13. ¿18 es qué % de 24?

14. ¿20 es qué % de 25?

15. Cambia 16/20 a un %.

16. Cambia 3/5 a un porcentaje.

17. 640 estudiantes están matriculados en la escuela Lincoln. Si el 40% de los estudiantes son niñas, ¿cuántas niñas hay en la escuela Lincoln?

18. Un equipo jugó 40 juegos. Si ganaron el 65% de los juegos, ¿cuántos juegos ganaron?

19. Un pícher hizo 40 lanzamientos. Si 30 fueron strikes, ¿qué porcentaje fueron strikes?

20. Jim hizo una prueba con 20 preguntas. Si tuvo 18 respuestas correctas, ¿qué porcentaje tuvo de respuestas incorrectas?

1	
2	
3	
4	
5	
6	
7	
8	
9	
10	
11	
12	
13	
14	
15	
16	
17	
18	
19	
20	

Usa la figura para responder las preguntas 1–8.

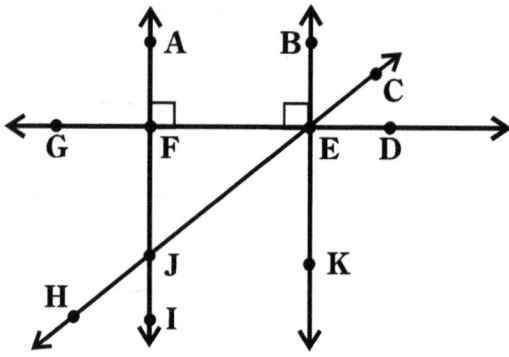

1. Nombra 2 rectas paralelas.
2. Nombra 2 rectas perpendiculares.
3. Nombra 4 segmentos.
4. Nombra 4 rayos.
5. Nombra 2 ángulos agudos.
6. Nombra 2 ángulos obtusos.
7. Nombra 1 ángulo extendido.
8. Nombra 2 ángulos rectos.

Triángulo A

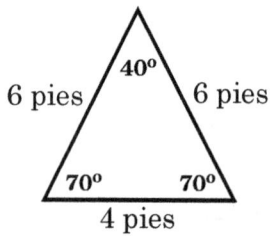

Triángulo B

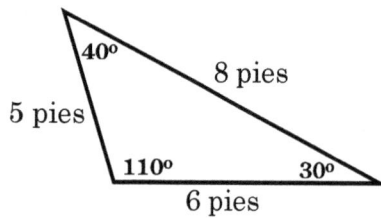

9. Clasifica el Triángulo A por sus lados y por sus ángulos.
10. Clasifica el Triángulo B por sus lados y por sus ángulos.

11. Encuentra el perímetro.

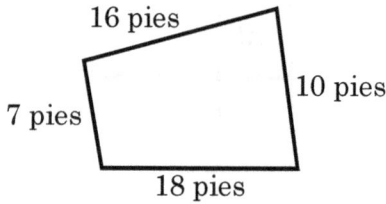

12. Encuentra la circunferencia.

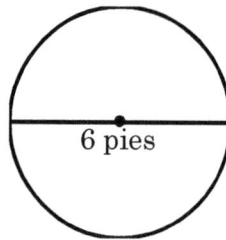

13 Encuentra el área.

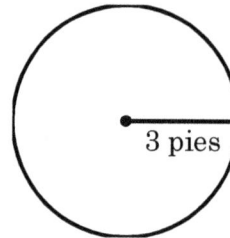

14. Encuentra el área.

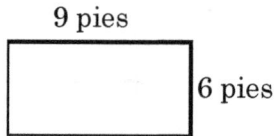

15. Encuentra el área.

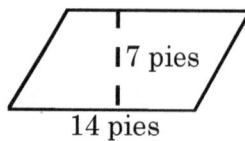

16. Encuentra el área.

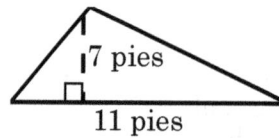

17. Encuentra el área

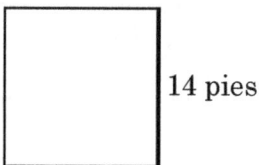

18. Identifica y cuenta el número de caras, aristas y vértices.

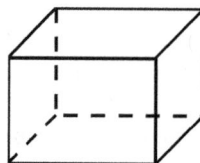

Nombre: Caras:
Aristas: Vértices:

19. Encuentra el área.

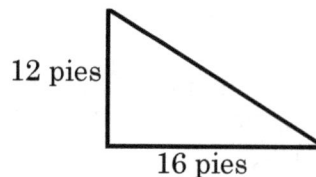

20. Encuentra el perímetro de un cuadrado cuyo lado mide 37 pies.

1	
2	
3	
4	
5	
6	
7	
8	
9	
10	
11	
12	
13	
14	
15	
16	
17	
18	
19	
20	

1. -8 + 5 =   2. 8 + -5 =   3. -8 + -5 =

4. -6 + 3 + -4 + 2 =   5. -46 + 16 + 23 + -17 =

6. 6 - 9 =   7. 4 - -7 =   8. -3 - 9 =

9. -12 - 15 =   10. 15 - 19 =   11. 4 • -8 =

12. -3 • -19 =   13. 2 (-3) (-4) =   14. -2 • 3 • -6 =

15. -32 ÷ 8 =   16. -156 ÷ -3 =   17. $\dfrac{-136}{-8}$ =

18. $\dfrac{-32 ÷ -2}{16 ÷ 4}$ =   19. $\dfrac{5 • -8}{-15 ÷ -3}$ =   20. $\dfrac{-40 • -2}{-20 ÷ 2}$ =

1	
2	
3	
4	
5	
6	
7	
8	
9	
10	
11	
12	
13	
14	
15	
16	
17	
18	
19	
20	

Número de latas de aluminio recolectadas en la escuela Allan

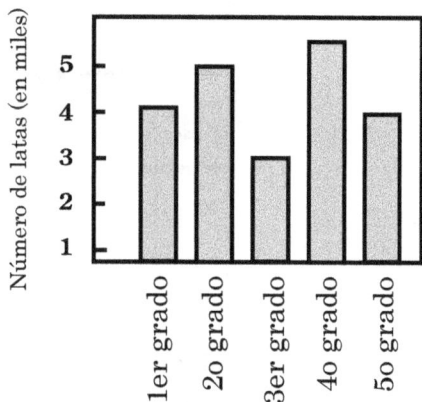

Número de latas (en miles)

5
4
3
2
1

1er grado, 2o grado, 3er grado, 4o grado, 5o grado

1. ¿Cuál grado recolectó la mayor cantidad de latas?

2. ¿Cuántas latas más recolectó el 4o grado que el 1er grado?

3. ¿Cuántas latas recolectaron los grados 4o y 5o juntos?

4. ¿Cuántas latas se recolectaron en total?

5. ¿Cuál grado recolectó el segundo mayor número de latas?

Notas de ciencias para el semestre de otoño

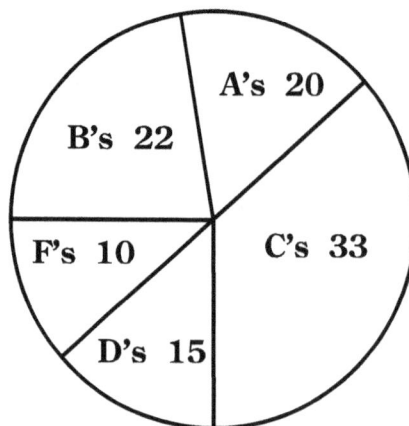

A's 20
B's 22
F's 10
C's 33
D's 15

6. ¿Cuántos estudiantes obtuvieron una A?

7. ¿Cuántas Cs más que Bs hubo?

8. ¿Cuántos estudiantes en total había en el curso de ciencias?

9. ¿Cuántas más Cs y Bs que As y Bs hubo?

10. ¿Cuál fue el segundo grupo de notas más grande?

Lluvia total mensual

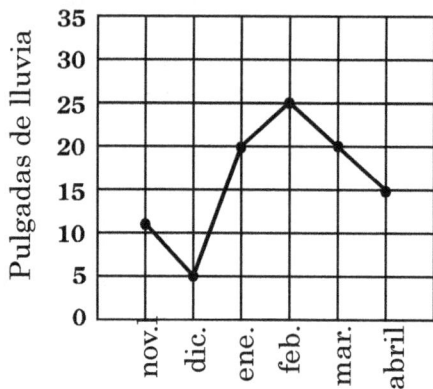

Pulgadas de lluvia

35
30
25
20
15
10
5
0

nov., dic., ene., feb., mar., abril

11. ¿Cuánto llovió en febrero?

12. ¿Cuántas más pulgadas de lluvia hubo en enero que en noviembre?

13. ¿En qué mes la lluvia aumentó más comparada con el mes anterior?

14. ¿Cuál fue la lluvia total para febrero, marzo y abril?

15. ¿En qué mes la lluvia disminuyó más comparada con el mes anterior?

Galletas de niñas exploradoras vendidas durante la recaudación de fondos

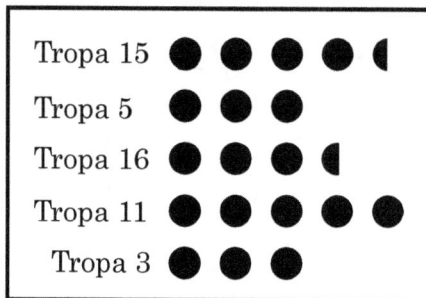

Tropa 15 ● ● ● ● ◖
Tropa 5 ● ● ● ●
Tropa 16 ● ● ● ◖
Tropa 11 ● ● ● ● ●
Tropa 3 ● ● ●

Cada símbolo representa 100 cajas

16. ¿Cuántas cajas de galletas vendió la tropa 11?

17. ¿Cuál tropa vendió el segundo número mayor de galletas?

18. ¿Cuántas cajas más vendió la tropa 11 que la tropa 5?

19. Si la tropa 3 vende tres veces la cantidad de galletas el próximo año comparado con este año, ¿cuánto venderán el próximo año?

20. ¿Cuántas cajas de galletas vendieron la tropa 5 y la 15 juntas?

1
2
3
4
5
6
7
8
9
10
11
12
13
14
15
16
17
18
19
20

1. Un hombre manejó su auto 396 millas el lunes y 476 el martes. ¿Cuántas millas manejó en total?

2. Un avión viajó 2,175 millas en 5 horas. ¿Cuál fue su velocidad promedio por hora?

3. Un estudiante hizo una prueba con 32 problemas. Si 5/8 de sus problemas estuvieron correctos, ¿cuántos problemas tuvo correctos?

4. Si se ponen 8 libras de nueces en bolsas de 1 1/3 libras cada una, ¿cuántas bolsas hay?

5. Steve ganó 15 ½ dólares el lunes y 12 3/5 dólares el martes. ¿Cuánto más ganó el lunes que el martes?

6. Un tren puede viajar 215 millas en una hora. A esta velocidad, ¿qué distancia puede viajar en .7 horas?

7. 8 libras de manzanas cuestan $12.48. ¿Cuánto cuesta una libra?

8. Los sombreros estaban rebajados a $23.50. Si el precio regular era $30.25, ¿cuánto se ahorra comprando un sombrero a precio rebajado?

9. Bill pesaba 90 libras, Steve pesaba 120 libras y María pesaba 84 libras. ¿Cuál era el peso promedio?

10. Bill ganó $45.00 cada día por 5 días y $65.50 el sexto día. ¿Cuánto ganó en total?

11. Unos obreros trabajando en la autopista querían pavimentar 8 millas del camino. Si pavimentaron 2 1/3 millas la primera semana y 1 ½ millas la segunda semana, ¿cuántas millas faltaban?

12. Bill completó una prueba con 24 preguntas. Si se equivocó en 1/6 de las preguntas, ¿cuántas preguntas tuvo correctas?

13. Un auto viajó 174 millas y en promedio dio 29 millas por galón de gasolina. Si la gasolina costaba $1.15 por galón, ¿cuánto costó el viaje?

14. Para poner su vehículo a punto, Stan compró seis bujías por $1.15 cada una y un condensador por $4.29. ¿Cuánto gastó en total?

15. La sala de estar en una casa tenía 14 pies de largo y 8 pies de ancho, y el comedor tenía 12 pies de largo y 10 pies de ancho. ¿Cuántos pies cuadrados de alfombra se necesitan para cubrir completamente ambos pisos?

16. Tres latas de maíz cuestan $.76. ¿Cuánto costarían 12 latas?

17. Para comprar un auto, un hombre puede pagar 36 cuotas mensuales de 150 dólares o pagar 4,800 dólares en efectivo. ¿Cuánto ahorraría si paga en efectivo?

18. Jean horneó un pastel. Si le dio ½ a Steve y 1/3 a Gina, ¿cuánto le quedó?

19. Para una fiesta, el Sr. Jones compró seis pizas por $9.95 cada una y 3 paquetes de latas de refrescos por $7.15 cada paquete. ¿Cuánto gastó en total?

20. Un hombre tiene un lote de terreno rectangular de 36 pies de largo y 20 pies de ancho. ¿Cuántos pies de reja se necesitan para rodearlo completamente? Si cada sección de 4 pies de reja cuesta 55 dólares, ¿cuánto costará la reja?

1	
2	
3	
4	
5	
6	
7	
8	
9	
10	
11	
12	
13	
14	
15	
16	
17	
18	
19	
20	

Página 5

1. 437
2. 735
3. 216
4. 12

S. 917
S. 1,484
1. 111
2. 1,102
3. 1,998
4. 1,186
5. 1,997
6. 675
7. 1,115
8. 207
9. 1,693
10. 105

Problema: 100 estudiantes

Página 6

1. 95
2. 823
3. 1,844
4. 95

S. 6,952
S. 29,994
1. 3,470,346
2. 51,422
3. 155,804
4. 1,879,958
5. 42,452
6. 83,749
7. 14,935
8. 31,116
9. 17,276
10. 82,646

Problema: 4,540,028

Página 7

1. 10,321
2. 40,719
3. 98,477
4. 94,257

S. 481
S. 2,461
1. 241
2. 399
3. 6,385
4. 5,877
5. 647
6. 3,193
7. 38
8. 3,070
9. 6,399
10. 339

Problema: 245 estudiantes

Página 8

1. 1,166
2. 574
3. 10,511
4. 5,649

S. 434
S. 221
1. 16
2. 435
3. 3,608
4. 264
5. 6,366
6. 1,468
7. 5,232
8. 62,420
9. 12,868
10. 1,999

Problema: $27,044

Página 9

1. 64
2. 6,429
3. 1,152,079
4. 4,533

S. 29,710
S. 3,655
1. 547
2. 573
3. 10,103
4. 7,243,008
5. 5,665
6. 1,196
7. 3,418
8. 1,845
9. 616
10. 90,558

Problema: 212 asientos

Página 10

1. 4,385
2. 999
3. 572
4. 5,713

S. 1,269
S. 14,070
1. 201
2. 444
3. 2,292
4. 18,852
5. 16,288
6. 20,562
7. 56,406
8. 53,501
9. 58,476
10. 123,372

Problema: 2,190 días

Página 11

1. 2,052
2. 14,238
3. 5,439
4. 37,053

S. 1,058
S. 6,132
1. 4,526
2. 1,200
3. 1,692
4. 13,350
5. 7,110
6. 29,052
7. 448
8. 988
9. 67,528
10. 15,680

Problema: 832 escritorios

Página 12

1. 1,058
2. 14,472
3. 5,568
4. 997

S. 30,888
S. 337,666
1. 50,095
2. 167,564
3. 29,029
4. 99,138
5. 199,584
6. 78,900
7. 152,703
8. 130,662
9. 432,600
10. 155,644

Problema: 35,260 autos

Página 13

1. 2,142
2. 864
3. 10,844
4. 1,538

S. 7,584
S. 255,492
1. 162
2. 4,221
3. 32,508
4. 4,536
5. 14,202
6. 155,606
7. 5,676
8. 448,800
9. 9,020
10. 214,624

Problema: 12,000 hojas

Página 14

1. 249
2. 1,920
3. 138,863
4. 962

S. 5 r1
S. 9 r6
1. 8 r2
2. 5 r3
3. 12 r3
4. 15 r3
5. 12 r1
6. 7 r1
7. 9 r3
8. 24 r1
9. 12 r1
10. 18 r1

Problema: 12 cajas

Página 15

1. 6 r3
2. 15 r4
3. 14,938
4. 5,232

S. 144
S. 39 r3
1. 317 r1
2. 409 r1
3. 132
4. 136 r1
5. 145 r2
6. 158 r2
7. 121
8. 98 r4
9. 122 r3
10. 158 r5

Problema: 36 asientos, sobra 1

Página 16

1. 26 r1
2. 92 r5
3. 1,058
4. 152

S. 2,354
S. 863
1. 566
2. 3,371 r1
3. 1,122
4. 386 r3
5. 1,311
6. 1,498 r3
7. 10,453 r1
8. 11,980
9. 10,192 r1
10. 5,351

Problema: 144 cajas

Página 17

1. 203 r1
2. 7,416
3. 543
4. 22,059

S. 81 r2
S. 1,071
1. 50 r2
2. 1,500
3. 2,104 r2
4. 418 r5
5. 223 r2
6. 89 r4
7. 302 r5
8. 798 r5
9. 1,001 r1
10. 400 r7

Problema: 106 boletos

Página 18

1. 116 r6
2. 1,238
3. 271,800
4. 1,000 r3

S. 6 r7
S. 133 r22
1. 4 r62
2. 6 r39
3. 9 r13
4. 14 r27
5. 58 r23
6. 71 r3
7. 166 r24
8. 103 r11
9. 95 r1
10. 50 r26

Problema: 86 cajas

Página 19

1. 1,211
2. 156
3. 21,600
4. 1,167 r3

S. 21 r21
S. 31 r2
1. 22 r25
2. 21 r15
3. 10 r63
4. 7 r41
5. 21 r10
6. 31 r23
7. 11 r42
8. 11 r28
9. 45 r1
10. 21 r5

Problema: 13 clases

Página 20

1. 358
2. 17 r14
3. 21 r20
4. 20 r11

S. 3 r71
S. 19 r4
1. 5 r7
2. 6
3. 55 r7
4. 8 r10
5. 5 r3
6. 63 r4
7. 19 r3
8. 19 r31
9. 20 r1
10. 43 r13

Problema: 864 huevos

Página 21

1. 3 r6
2. 13 r22
3. 9 r36
4. 6 r19

S. 212 r22
S. 207 r15
1. 115
2. 234 r3
3. 102
4. 133 r10
5. 303 r10
6. 306
7. 73 r4
8. 40 r6
9. 45 r17
10. 41 r24

Problema: 125 libras

Página 22

1. 24
2. 298 r4
3. 135 r36
4. 42 r17

S. 96 r40
S. 59 r9
1. 43 r1
2. 276 r4
3. 1,025 r2
4. 18 r7
5. 2 r56
6. 84 r19
7. 255 r9
8. 114 r11
9. 36 r26
10. 220 r9

Problema: 16 galones

Repaso página 23

1. 1,011
2. 2,919
3. 80,653
4. 10,433
5. 8,447
6. 376
7. 3,915
8. 4,415
9. 2,322
10. 6,323
11. 228
12. 30,612
13. 2,438
14. 22.572
15. 232,858
16. 141 r2
17. 282 r5
18. 25 r19
19. 214 r4
20. 56 r9

Página 24

1. 434
2. 1,156
3. 1,387 r1
4. 1,296

S. 1/4
S. 5/6
1. 3/4, 6/8
2. 1/3
3. 2/4, 1/2
4. 3/8
5. 5/8
6. 2/3
7. 5/6
8. 1/8
9. 2/6, 1/3
10. 7/8

Problema: 384 lápices

Página 25

1. 2,142
2. 1,114
3. 494
4. 15 r17

S. 1/2
S. 3/4
1. 4/5
2. 3/4
3. 1/2
4. 4/5
5. 2/3
6. 2/3
7. 3/5
8. 5/8
9. 5/6
10. 3/4

Problema: 60 lápices

Página 26

1. 3/8
2. 2/3
3. 21 r7
4. 65,664

S. 1 ¾
S. 1 ½
1. 2 ½
2. 1 3/7
3. 2
4. 4 4/5
5. 4 1/2
6. 3
7. 4 1/2
8. 6 1/3
9. 1 1/2
10. 2 2/5

Problema: 2,828 más

Página 27

1. 1 2/7
2. 1 1/4
3. 5/7
4. 3/4

S. 3/5
S. 1 1/7
1. 3/4
2. 3/4
3. 3/5
4. 1/2
5. 1 1/4
6. 1 1/2
7. 1 2/3
8. 1 3/4
9. 1 3/4
10. 1 2/3

Problema: 2/3

Página 28

1. 3/5
2. 12 r9
3. 1 1/5
4. 368

S. 5 1/2
S. 6
1. 8
2. 7 1/2
3. 8
4. 8 1/6
5. 12 1/3
6. 6 1/5
7. 9 1/5
8. 12 1/2
9. 10
10. 8 1/7
Problema: 2 1/8 tazas

Página 29

1. 5/6
2. 3 4/5
3. 1 1/2
4. 7 1/5

S. 1/2
S. 1/2
1. 1/2
2. 4/5
3. 3/4
4. 2/3
5. 3/4
6. 4/11
7. 1/2
8. 5/7
9. 5/12
10. 1/4
Problema: 3/5 millas

Página 30

1. 1/2
2. 1 1/5
3. 5 1/2
4. 943

S. 2 1/2
S. 2 2/3
1. 6 1/4
2. 4 1/2
3. 4 11/15
4. 6 2/3
5. 4 2/5
6. 3 2/5
7. 2
8. 2 3/5
9. 3 3/5
10. 2 3/5
Problema: 6 1/3 horas

Página 31

1. 1/2
2. 1 1/4
3. 8 1/3
4. 12 1/2

S. 3 2/5
S. 6 ¼
1. 3 3/7
2. 3 2/5
3. 6 1/3
4. 3 1/10
5. 4 7/8
6. 3 5/8
7. 3 2/9
8. 1/2
9. 3 7/10
10. 4 2/5
Problema: 2 1/8 yardas

Página 32

1. 5/8
2. 1
3. 1 2/5
4. 4/5

S. 8 1/5
S. 4 2/3
1. 1 1/9
2. 3/4
3. 11 1/5
4. 4 2/3
5. 5 1/2
6. 4 2/3
7. 8 1/2
8. 4 2/3
9. 3 2/5
10. 2
Problema: 8 2/3 libras

Página 33

1. 1 2/5
2. 1/2
3. 4 1/4
4. 3 3/5

S. 12
S. 24
1. 15
2. 18
3. 14
4. 24
5. 36
6. 20
7. 39
8. 60
9. 48
10. 36
Problema: 750 mph

Página 34

1. 200 r2
2. 1,548
3. 352
4. 461

S. 7/12
S. 1/2
1. 5/9
2. 1/6
3. 1 1/6
4. 11/15
5. 5/12
6. 1 1/14
7. 1 1/2
8. 17/22
9. 1/14
10. 1 5/36
Problema: 3 5/8 galones

Página 35

1. 188 r2
2. 3/4
3. 1 1/10
4. 5/12

S. 7 11/12
S. 8 1/10
1. 8 1/6
2. 10 3/4
3. 8 1/8
4. 8 1/2
5. 15 3/4
6. 9 13/ 20
7. 5 3/10
8. 11 1/18
9. 8 8/15
10. 11 11/12
Problema: 4,224 partes

Página 36

1. 13/14
2. 10
3. 4 2/5
4. 1 2/3

S. 3 1/20
S. 2 5/6
1. 2 5/8
2. 7 1/2
3. 2 7/12
4. 4 5/8
5. 13/14
6. 5 13/16
7. 3 2/9
8. 3 5/6
9. 4 13/20
10. 2 3/8
Problema: 24 estudiantes

Página 37

1. 4/5
2. 7 1/4
3. 12
4. 1 1/30

S. 1 3/7
S. 10 ¼
1. 7/18
2. 13/18
3. 4 2/5
4. 8 5/8
5. 11 1/4
6. 4 3/4
7. 8 7/15
8. 3 1/2
9. 11/16
10. 8 7/12
Problema: 3 3/4

Página 38

1. 121
2. 26,100
3. 221
4. 6,268

S. 15/28
S. 12/25
1. 2/63
2. 1/5
3. 2 1/10
4. 14/27
5. 2/3
6. 1 1/15
7. 1 1/5
8. 6/35
9. 2/5
10. 1 1/14
Problema: 13/20 libras

Página 39

1. 4/7
2. 1 13/15
3. 3/4
4. 1 1/3

S. 3/7
S. 1 1/2
1. 3/8
2. 1/10
3. 7/18
4. 3 1/3
5. 3/10
6. 2/3
7. 2/5
8. 9/20
9. 1 1/7
10. 10/21
Problema: 39 asientos

Página 40

1. 3/7
2. 14/27
3. 13/15
4. 1/12

S. 9
S. 3 1/3
1. 6
2. 4
3. 20
4. 1 1/7
5. 13 1/2
6. 2 1/2
7. 3 1/2
8. 7 1/2
9. 15
10. 5 3/5
Problema: 24 niñas

Página 41

1. 12 r40
2. 12
3. 6 2/3
4. 7/2

S. 3/4
S. 3
1. 1 7/8
2. 3 1/9
3. 16
4. 3
5. 6
6. 3 3/8
7. 8 1/8
8. 15
9. 11 2/3
10. 1 3/10
Problema: 14 millas

Página 42

1. 12/35
2. 27/100
3. 18
4. 8 2/3

S. 3/10
S. 7 1/2
1. 7/10
2. 1/6
3. 21
4. 5 1/7
5. 1 7/8
6. 1 5/6
7. 17
8. 2 1/3
9. 15 1/5
10. 8 1/8
Problema: 22 1/2 toneladas

Página 43

1. 14/15
2. 1/4
3. 7
4. 1 7/9

S. 1 1/3
S. 3/7
1. 1/6
2. 1 1/7
3. 4/13
4. 1/13
5. 2 1/2
6. 7
7. 1/9
8. 4 1/2
9. 2/9
10. 1/15
Problema: 45 dólares

Página 44

1. 1/9
2. 3 1/2
3. 3/11
4. 3 1/5

S. 1 1/7
S. 1 3/4
1. 2 1/4
2. 1 1/2
3. 7 1/2
4. 9
5. 4 2/3
6. 9
7. 1/2
8. 2 3/4
9. 3
10. 1 7/15

Problema: 7 trozos

Repaso página 45

1. 4/5
2. 1 1/3
3. 13/15
4. 8 2/9
5. 10 1/8
6. 1/2
7. 4 4/5
8. 4 2/5
9. 6 1/4
10. 5 14/15
11. 8/21
12. 3/26
13. 27
14. 1 7/8
15. 8 1/6
16. 1 1/2
17. 7
18. 2 4/9
19. 3 1/3
20. 2 4/7

Página 46

1. 1,876
2. 1 4/15
3. 428
4. 7/12

S. Dos y seis décimos
S. Trece y dieciséis milésimos
1. setenta y tres centésimos
2. cuatro y dos milésimos
3. ciento treinta y dos y seis décimos
4. ciento treinta y dos y seis centésimos
5. setenta y dos y seis mil trescientos noventa y cinco diez milésimos
6. setenta y siete milésimos
7. nueve y ochenta y nueve centésimos
8. seis y tres milésimos
9. setenta y dos centésimos
10. uno y seiscientos sesenta y seis milésimos

Problema: 21 niños

Página 47

1. 8,424
2. 6/11
3. 5
4. 1 2/3

S. 6.04
S. 306.15
1. 9.8
2. 46.013
3. .0326
4. 50.039
5. .00008
6. .000004
7. 12.0036
8. 16.024
9. 23.5
10. 2.017

Problema: 3 2/5 grados

Página 48

1. 1 1/2
2. 3/4
3. 2
4. 8 1/3

S. 7.7
S. 9.007
1. 16.32
2. .0097
3. 72.09
4. 134.0092
5. .016
6. 44.00432
7. 3.096
8. 4.901
9. 3.000901
10. .01763

Problema: 36 pulgadas

Página 49

1. 13/15
2. 5 2/3
3. 1
4. 4/33

S. 1 43/100
S. 7 6/1,000
1. 173 16/1,000
2. 16/100,000
3. 7 14/1,000,000
4. 19 936/1,000
5. 9163/100,000
6. 77 8/10
7. 13 19/1,000
8. 72 9/10,000
9. 99/100,000
10. 63 143/1,000,000

Problema: 120 asientos

Página 50

1. 5/6
2. 4 3/8
3. Uno y diecinueve milésimos
4. 72 8/1,000

S. <
S. >
1. <
2. >
3. >
4. >
5. >
6. <
7. <
8. >
9. <
10. <

Problema: 8 millas

Página 51

1. 1 3/4
2. 1 1/4
3. 1
4. 14 2/5

S. 18.82
S. 8.84
1. 41.353
2. 14.431
3. 29.673
4. 1.7
5. 19.26
6. 146.983
7. 1.7
8. 25.044
9. 42.055
10. 31.09

Problema: 15.8 pulgadas

Página 52

1. 13.726
2. 15.76
3. 1 3/4
4. 72.009

S. 13.84
S. 7.48
1. 5.894
2. 2.293
3. 1.16
4. 11.13
5. .053
6. 3.9577
7. 2.373
8. 3.684
9. 8.628
10. 26.765

Problema: 1.3 segundos

Página 53

1. 2/3
2. 3/4
3. 1 1/4
4. 2 1/5

S. 18.38
S. 3.687
1. 23.714
2. 6.17
3. 16.57
4. 8.24
5. 2.08
6. 19.56
7. 2.2
8. 4.487
9. 10.396
10. 25.7

Problema: $48.72

Página 54

1. 216
2. 1,472
3. 4,807
4. 265,608

S. 7.38
S. 36.8
1. 1.929
2. 14.64
3. 6.88
4. 5.664
5. 22.4
6. 55.2
7. 328.09
8. 10.024
9. 29.93
10. 1.242

Problema: 18.9 millas

Página 55

1. 217.2
2. 4.32
3. 1 1/8
4. 1 1/16

S. 2.52
S. 7.776
1. 11.52
2. .4598
3. .21186
4. .874
5. .1421
6. 9.7904
7. .0024
8. 1.904
9. 149.225
10. .0738

Problema: 11.25 toneladas

Página 56

1. 3 2/3
2. 1 1/2
3. 1 1/3
4. 8

S. 32
S. 7,390
1. 93.6
2. 72,600
3. 160
4. 736.2
5. 7,280
6. 70
7. 37.6
8. 390
9. 73.3
10. 76.3
Problema: $9,500.00

Página 57

1. 7 1/2
2. 7
3. 14/17
4. 10

S. 2.394
S. 15.228
1. 3.22
2. .464
3. .48508
4. 26
5. 3.156
6. 2,630
7. .0108
8. 3.575
9. 55.11
10. .04221
Problema: $41.37

Página 88

1. 19
2. 202
3. 1,001
4. 111

S. .44
S. 1.8
1. 19.7
2. 3.21
3. .57
4. 3.7
5. 6.08
6. 40.9
7. .324
8. .16
9. 2.12
10. 2.04
Problema: 21 trozos

Página 59

1. 2.18
2. .3
3. 18.83
4. 4.833

S. .0027
S. .019
1. .0007
2. .012
3. .056
4. .036
5. .043
6. .063
7. .023
8. .022
9. .003
10. .068
Problema: $5.51

Página 60

1. 34.2
2. .0932
3. 3
4. 3

S. .34
S. .06
1. .065
2. .62
3. 2.05
4. .15
5. .04
6. .04
7. .12
8. 1.575
9. .06
10. .418
Problema: 28

Página 61

1. .075
2. .026
3. 930
4. 9,300

S. 3.9
S. .24
1. 8
2. 170
3. .42
4. 80
5. 5.4
6. 3.2
7. 3.7
8. 3.2
9. 57.5
10. 9.2
Problema: 55.25 mph

Página 62

1. .8
2. 50
3. .38
4. 4

S. .5
S. .625
1. .6
2. .25
3. .4
4. .875
5. .55
6. .52
7. .625
8. .2
9. .2
10. .7
Problema: $15.00

Página 63

1. 10.96
2. 1.57
3. 2.184
4. .875

S. .005
S. 40
1. .76
2. .074
3. .025
4. 4.5
5. .24
6. 284
7. 33.1
8. 16.2
9. .4
10. .625
Problema: 117.25 libras

Repaso página 64

1. 12.283
2. 10.36
3. 29.1
4. 20.6
5. 4.73
6. 4.57
7. 9.36
8. 54.4
9. .752
10. 1.39956

11. 236
12. 2,700
13. 1.34
14. 1.46
15. .65
16. 400
17. .05
18. .013
19. .875
20. .44

Página 65

1. 1 1/2
2. 3
3. 1 1/6
4. 7/15

S. 17%
S. 90%
1. 6%
2. 99%
3. 30%
4. 64%
5. 67%
6. 1%
7. 70%
8. 14%
9. 80%
10. 62%
Problema: 90 libras

Página 66

1. 7%
2. 90%
3. 1 1/4
4. 7.75

S. 37%
S. 70%
1. 93%
2. 2%
3. 20%
4. 9%
5. 60%
6. 66%
7. 89%
8. 60%
9. 33%
10. 80%
Problema: 12.8 onzas líquidas

Página 67

1. 3/4
2. 1 1/8
3. 3 7/10
4. 6 1/10

S. .2, 1/5
S. .09, 9/100
1. .16, 4/25
2. .06, 3/50
3. .75, 3/4
4. .4, 2/5
5. .01, 1/100
6. .45, 9/20
7. .12, 3/25
8. .05, 1/20
9. .5, 1/2
10. .13, 13/100
Problema: 3/4

Página 68

1. 1.8
2. .8
3. 1.872
4. 9.62

S. 17.5
S. 150
1. 4.32
2. 51
3. 15
4. 112.5
5. 32
6. 80
7. 10
8. 216
9. 112.5
10. 13.2
Problema: 1 1/4 galones

Página 69

1. 11.05
2. .8
3. .03
4. 12

S. 3
S. 30
1. $56
2. $1,800
3. 9
4. $750
5. 16
6. $16,000
7. $4,200
8. $3.50/$53.50
9. 138
10. $1,650
Problema: 208.75 millas

Página 70

1. 88 r4
2. 900
3. 3,918
4. 96

S. 20%
S. 80%
1. 60%
2. 50%
3. 10%
4. 75%
5. 75%
6. 60%
7. 25%
8. 80%
9. 75%
10. 20%
Problema: 64 personas

Página 71

1. 12.57
2. 8.857
3. 44.814
4. 4.7

S. 25%
S. 75%
1. 25%
2. 80%
3. 50%
4. 90%
5. 60%
6. 75%
7. 75%
8. 75%
9. 80%
10. 95%

Problema: $235

Página 72

1. 26.4
2. 60%
3. 27
4. 34

S. 75%
S. 40%
1. 80%
2. 75%
3. 25%
4. 80%
5. 95%
6. 20%
7. 48%
8. 20%
9. 98%
10. 75%

Problema: 24 correctas

Página 73

1. 7%
2. 90%
3. 30%
4. .24, 6/25

S. 9
S. 25%
1. 3.6
2. 57.6
3. 75%
4. 80%
5. 77.5
6. 6
7. 25%
8. 10%
9. 450
10. 51.92

Problema: 80%

Página 74

1. 1/6
2. 5 3/4
3. 3 4/15
4. 2 2/5

S. 32
S. 25%
1. 300
2. 60%
3. $14.40
4. 80%
5. 75%
6. 14.4
7. 240
8. 10%
9. $1,200
10. 20%, 80%

Problema: 84

Repaso página 75

1. 17%
2. 3%
3. 70%
4. 19%
5. 60%
6. .09, 9/100
7. .14, 7/50
8. .8, 4/5
9. 12.8
10. 138

11. 72
12. 60%
13. 80%
14. 25%
15. 20%
16. 25%
17. $80
18. 180
19. 45%
20. 75%

Página 76

1. 8.22
2. 13.14
3. .0492
4. .6

S. varias respuestas posibles
S. varias respuestas posibles
1. varias respuestas posibles
2. varias respuestas posibles
3. puntos F, D, E
4. $\overleftrightarrow{AC}$, $\overleftrightarrow{BC}$
5. $\overleftrightarrow{FE}$, $\overleftrightarrow{FD}$
6. $\overrightarrow{AB}$
7. $\overline{FD}$, $\overline{ED}$, $\overline{FE}$
8. varias respuestas posibles
9. varias respuestas posibles
10. punto E

Problema: 25 horas

Página 77

1. 1 2/5
2. 1/2
3. 1 1/2
4. 4

S. varias respuestas posibles
S. varias respuestas posibles
1. varias respuestas posibles
2. varias respuestas posibles
3. varias respuestas posibles
4. varias respuestas posibles
5. varias respuestas posibles
6. varias respuestas posibles
7. varias respuestas posibles
8. varias respuestas posibles
9. varias respuestas posibles
10. $\angle$IHJ

Problema: 5 trozos

Página 78

1. 75%
2. 33.75
3. 45
4. 70%

S. varias respuestas posibles
S. varias respuestas posibles
1. varias respuestas posibles
2. varias respuestas posibles
3. agudo
4. obtuso
5. recto
6. extendido
7. varias respuestas posibles
8. varias respuestas posibles
9. varias respuestas posibles
10. varias respuestas posibles
Problema: 34 metros

Página 79

1. 1 2/7
2. 23/3
3. 3/5
4. 8 3/4

S. agudo 20°
S. obtuso 110°
1. recto 90°
2. obtuso 160°
3. agudo 20°
4. agudo 70°
5. obtuso 130°
6. agudo 50°
7. extendido180°
8. obtuso 160°
9. recto 90°
10. obtuso 130°
Problema: 208 estudiantes

Página 80

1. 75%
2. 90%
3. 2.6
4. 40%

S. agudo
S. agudo
1. agudo
2. agudo
3. obtuso
4. obtuso
5. agudo
6. agudo
7. recto
8. obtuso
9. obtuso
10. agudo
Problema: 266 asientos

Página 81

1. DEF, agudo
2. FGH, obtuso
3. JKL, recto
4. paralelas

S. rectángulo/paralelogramo
S. triángulo
1. cuadrado; rectángulo; paralelogramo
2. rectángulo/paralelogramo
3. trapecio
4. triángulo
5. trapecio
6. cuadrado; rectángulo y paralelogramo
7. paralelogramo
8. rectángulo; paralelogramo
9. triángulo
10. trapecio
Problema: $30.00

Página 82

1. 233 r23
2. 1,728
3. 1,155
4. 6,812

S. escaleno/recto
S. equilátero/agudo
1. escaleno/obtuso
2. isósceles/agudo
3. isósceles/recto
4. escaleno/agudo
5. equilátero/agudo
6. escaleno/obtuso
7. escaleno/recto
8. isósceles/agudo
9. equilátero/agudo
10. isósceles/recto
Problema: 3 buses

Página 83

1. escaleno
2. recto
3. isósceles/agudo
4. 45

S. 34 pies
S. 30 pies
1. 47 pies
2. 48 pies
3. 33 pies
4. 54 pies
5. 70 pies
6. 41 pies
7. 225 millas
8. 34 pies
9. 86 pies
10. 34 pies
Problema: 190 pies

Página 84

1. 46 pies
2. 56 pies
3. 20%
4. 5/12

S. diámetro
S. varias respuestas posibles
1. radio
2. cuerda
3. $\overline{CD}$; $\overline{DE}$; $\overline{DG}$; $\overline{DF}$
4. $\overline{AB}$; $\overline{GF}$; $\overline{CE}$
5. 8 pies
6. punto P
7. $\overline{RY}$; $\overline{VT}$; $\overline{XS}$
8. 48 pies
9. $\overline{PX}$; $\overline{PS}$; $\overline{PZ}$
10. $\overline{XS}$

Problema: 16 millas

Página 85

1. 350
2. 12.81
3. 4.1
4. 24.04

S. 12.56
S. 31.4 pies
1. 18.84 pies
2. 25.12 pies
3. 28.26 pies
4. 87.92 pies o 88 pies
5. 37.68 pies
6. 31.4 pies
7. 12.56 pies

Problema: 75.36 pies

Página 86

1. 19.52
2. 1
3. 3
4. 227.5

S. 169 pies cuadrados
S. 165 pies cuadrados
1. 84 pies cuadrados
2. 400 pies cuadrados
3. 132 pies cuadrados
4. 10.75 pies cuadrados
5. 6 pies cuadrados
6. 625 pies cuadrados
7. 6 1/4 pies cuadrados

Problema: 182 pies cuadrados

Página 87

1. 224 pies cuadrados
2. 256 pies cuadrados
3. 25.12 pies
4. 43.96 pies

S. 78 pies cuadrados
S. 77 pies cuadrados
1. 54 pies cuadrados
2. 176 pies cuadrados
3. 17 1/2 pies cuadrados
4. 91 pies cuadrados
5. 84 pies cuadrados
6. 117 pies cuadrados
7. 71 1/2 pies cuadrados

Problema: 94.2 pies

Página 88

1. 800 pies cuadrados
2. 45 pies cuadrados
3. 98 pies cuadrados
4. 169 pies cuadrados

S. 50.24 pies cuadrados
S. 113.04 pies cuadrados
1. 78.5 pies cuadrados
2. 615.44 o 616 pies cuadrados
3. 12.56 pies cuadrados
4. 200.96 pies cuadrados
5. 78.5 pies cuadrados
6. 113.04 pies cuadrados
7. 153.86 o 154 pies cuadrados

Problema: 75.36 pies

Página 89

1. 52 pies
2. 168 pies cuadrados
3. 18.84 pies
4. 28.26 pies cuadrados

S. P=38 pies   A= 84 pies cuadrados
S. P=23 pies   A= 20 pies cuadrados
1. P= 48 pies   A= 144 pies cuadrados
2. P= 44 pies   A= 120 pies cuadrados
3. P= 38 pies   A= 72 pies cuadrados
4. C = 18.84 pies   A = 28.26 pies cuadrados
5. C = 43.96 (44) pies   A = 153.86 (154) pies cuadrados
6. P= 24 pies   A= 24 pies cuadrados
7. P= 32 pies   A= 64 pies cuadrados

Problema: 216 pies cuadrados

Página 90

1. 1/10
2. 1 1/6
3. 10 1/2
4. 5

S. prisma rectangular
   6 caras; 12 aristas; 8 vértices
S. pirámide cuadrada
   5 caras; 8 aristas; 5 vértices

1. cono, 1, 1, 1
2. cubo, 6, 12, 8
3. cilindro, 2, 2, 0
4. pirámide triangular, 4, 6, 4
5. prisma triangular, 5, 9, 6
6. esfera
7. 1

Problema: 40% niñas; 60% niños

Repaso página 91

1. varias respuestas posibles
2. varias respuestas posibles
3. varias respuestas posibles
4. varias respuestas posibles
5. varias respuestas posibles
6. varias respuestas posibles
7. varias respuestas posibles
8. varias respuestas posibles
9. lados, equilátero
   ángulos, agudo
10. lados, escaleno
    ángulos, recto
11. 28 pies
12. 28.26 pies
13. 153.86 (154) pies cuadrados
14. 98 pies cuadrados
15. 126 pies cuadrados
16. 58 1/2 pies cuadrados
17. 256 pies cuadrados
18. pirámide cuadrada, 5, 8, 5
19. 140 pies cuadrados
20. 384 pies

Página 92

1. 78 pies cuadrados
2. 40.82 pies
3. 75%
4. 12.75

S. 3
S. -21
1. 14
2. -18
3. -14
4. -31
5. 24
6. 37
7. -168
8. -13
9. -34
10. -9
Problema: 336 estudiantes

Página 93

1. 2
2. -2
3. -34
4. 28.26 pies cuadrados

S. -4
S. -7
1. -2
2. -7
3. -8
4. 14
5. -2
6. 10
7. -22
8. -13
9. -25
10. -84
Problema: ganaron 75%, perdieron 25%

Página 94

1. 84 pulgadas
2. 1
3. 9
4. -3

S. -14
S. -15
1. 12
2. -3
3. 9
4. -28
5. 46
6. 21
7. -10
8. -11
9. -103
10. 15
Problema: $9.03

Página 95

1. -15
2. 3
3. 34
4. -108

S. -40
S. 15
1. -53
2. 11
3. -15
4. 15
5. 12
6. 3
7. -33
8. 15
9. 101
10. -681
Problema: 13 paquetes

Página 96

1. 3 3/4
2. 4
3. 12
4. 8

S. 48
S. -126
1. 68
2. -64
3. 288
4. -368
5. -736
6. -133
7. 21
8. 380
9. -256
10. 192
Problema: −10°

Página 97

1. 5
2. 10
3. 27
4. 252

S. 42
S. 54
1. -24
2. -48
3. 120
4. 360
5. -6
6. -24
7. -32
8. 72
9. 72
10. 330
Problema: $22.50

Página 98

1. 101 r1
2. 60
3. 86.1
4. 14.81

S. -3
S. 6
1. -16
2. 48
3. 15
4. -26
5. 22
6. -24
7. -6
8. -34
9. 13
10. -19
Problema: −26°

Página 99

1. -9
2. 8
3. -90
4. -24

S. 1
S. -12
1. -2
2. 3
3. -4
4. -36
5. -3
6. -2
7. 1
8. -1
9. 3
10. 2
Problema: 498 puntos

Repaso página 100

1. -2
2. 2
3. -16
4. -1
5. -19
6. -2
7. 13
8. -12
9. -27
10. -1
11. -48
12. 76
13. 56
14. 48
15. -9
16. 42
17. 16
18. 3
19. -2
20. 20

Página 101

1. 153.86 pies cuadrados
2. 9.75
3. 1 1/2
4. 1 3/4

S. abril
S. 10
1. julio
2. julio
3. junio
4. 7° -8°
5. abril
6. marzo, abril
7. mayo, julio
8. 13°
9. 3° -4°
10. marzo, abril, julio
Problema: 37.68 yardas

Página 102

1. 75%
2. 70%
3. 192 pies cuadrados
4. 220 r3

S. Winston/Auberry
S. 1,050
1. 1,200
2. 300
3. 350
4. 3,300
5. 300
6. 450
7. 1,450
8. 300
9. Sun City
10. 1,250
Problema: 20 partes

Página 103

1. 39 pies cuadrados
2. escaleno/obtuso
3. 2,365
4. 43.38

S. 90
S. 10
1. Pruebas 4,6,7
2. 20
3. aprox. 91
4. 4
5. 80, 85
6. 90
7. 15
8. 15
9. 3
10. mejoró
Problema: $26.25

Página 104

1. 1 2/5
2. 3/4
3. 1 6/7
4. 1 2/3

S. julio/septiembre
S. 100
1. 700
2. 100
3. mayo
4. junio
5. 100
6. julio, sept.
7. 1,100
8. 200
9. 100
10. abril, mayo
Problema: 85

Página 105

1. -44
2. 15
3. -21
4. 30

S. 23%
S. 70%
1. 33%
2. $460
3. $200
4. $400
5. 68%
6. 32%
7. $24,000
8. 80%
9. auto, ropa
10. otros gastos
Problema: 1,225 millas

Página 106

1. 3/4
2. 75%
3. 75%
4. -17

S. 1/6
S. 1/4
1. 5
2. 10
3. 8
4. 9/24 = 3/8
5. 16/24 = 2/3
6. 90
7. 6:00 A.M.
8. 2:30 P.M.
9. 40
10. 4/24 = 1/6
Problema: 168 pies cuadrados

Página 107

1. 6,332
2. 30,628
3. 932
4. 1,003

S. 6,000
S. 4,500
1. 1989
2. 13,500
3. 1989; 1991
4. 7,000
5. 11,000
6. $150,000
7. $600,000
8. 5,000
9. 19,500
10. 3,000
Problema: $131

Página 108

1. 64 pulgadas
2. 18.84 pies
3. 390 pulgadas cuadradas
4. 44 pies cuadrados

S. 1990
S. 10 horas
1. 45
2. aprox. 5
3. 2,000
4. 1960
5. 1950, 1960
6. aprox. 2
7. 8
8. aprox. 12
9. aprox. 5 horas
10. aprox. 10 horas
Problema: $26.25

Repaso página 109

1. las cataratas de Grant
2. 525-550 pies
3. 100 pies
4. las cataratas de Snake
5. las cataratas de Morton
6. 13%
7. 20%
8. $600
9. $300
10. 41%
11. 71° - 72°
12. 30°
13. junio
14. agosto
15. aprox. 10°
16. 60,000
17. 40,000
18. 200,000
19. 180,000 libras
20. salmón, bacalao, pargo

Página 110

1. 1,211
2. 539
3. 11,584
4. 162 r3

S. 106
S. 2,485 millas
1. 6,976
2. $209
3. 1,718
4. 267 votos
5. 9,000 millas
6. 59 mph
7. 276 millas
8. 833 pies
9. 272 trozos
10. 5, 172 libros

Página 111

1. 1 1/10
2. 5/8
3. 7 1/2
4. 5

S. 3 17/20 tazas
S. 11 trozos
1. 8 1/4 libras
2. $40
3. 30 millas
4. 29 1/4 minutos
5. 34 pies
6. 2 2/3 libras
7. 1 1/2 libras
8. 13 3/4 horas
9. 125 millas
10. 16 neumáticos

Página 112

1. $13.69
2. $3.44
3. $23.52
4. $2.19

S. $1.44
S. 540 mph
1. $ .41
2. $429.70
3. 2.34 millas cuadradas
4. $1.14
5. 192 millas
6. 6 libras
7. $10.55
8. 264.85 libras
9. $.89
10. 8 galones

Página 113

1. 36.8
2. 5
3. 153.86 pies cuadrados
4. 144 pies cuadrados

S. 4 trozos
S. 16 latas
1. 556 pies
2. $3.36
3. 89
4. 8.025 pulgadas
5. $28
6. 6 1/4 pies
7. $36.36
8. 40 estudiantes
9. 24,197
10. 270 vacas

Página 114

1. 36 r1
2. 234 r2
3. 63 r7
4. 210 r15

S. 87
S. 965 libras
1. $9,500
2. 81 horas
3. 11,088 búsheles
4. 254 estudiantes
5. 7 buses
6. 24 clases
7. 1,950
8. 81,000 galones
9. 72 asientos
10. 2,020

Página 115

1. 37
2. 1 3/4
3. 4 1/12
4. 6

S. 4 yardas
S. 28 dólares
1. 1 1/4 galones
2. 18 niñas
3. $98
4. 39 pulseras
5. 2,000 acres
6. 300 millas
7. $48
8. 200 pies cuadrados
9. 17 búsheles
10. 1 7/20 libras

Página 116

1. 19.87
2. 2.205
3. .353
4. $2.10
S. $16.90
S. $8.06
1. $10,500
2. $7.14
3. $107.95
4. $7.14
5. $6.90
6. $4.05
7. $12.84
8. $17.11
9. $840
10. $2.62

Página 117

1. 14.4
2. 25%
3. 37.68 pies
4. 80 pies
S. 64 asientos
S. 12.1
1. $8.95
2. 23 millas
3. 64 niños
4. $18
5. $459
6. 8 trozos $24
7. $50
8. 154 3/4 libras
9. $6.72
10. $10.32

Página 118

1. escaleno
2. recto
3. 117 pies
4. 256 pies cuadrados
S. $32.19
S. 80 pies/$560
1. 480 millas
2. 39 horas 20 minutos
3. 14 estudiantes
4. $240
5. 510 estudiantes
6. $150
7. $830
8. $1,000,000, 500 lotes
9. 200 acres
10. $74.82

Página 119
Repaso final

1. 10,647
2. 60 mph
3. 14 niños
4. 5 trozos
5. 2 7/12 horas
6. 144 millas
7. $.69
8. $3.46
9. 79
10. 2,180 millas
11. 4 1/3 yardas
12. 18 niñas
13. $4.36
14. $2.75
15. $336
16. $2.76
17. 10 pagos
18. 1,200 acres
19. $485.10
20. 272 pies; $850

Página 120
Repaso final

1. 814
2. 2,178
3. 23,965
4. 9,314
5. 7,693
6. 279
7. 3,628
8. 1,414
9. 1,714
10. 5,284
11. 292
12. 28,544
13. 1,665
14. 15,732
15. 158,178
16. 131 r2
17. 344
18. 14 r8
19. 253 r24
20. 69 r1

Página 121
Repaso final

1. 5/7
2. 1 1/4
3. 14/15
4. 5 7/8
5. 14 3/10
6. 3/4
7. 3 1/2
8. 2 6/7
9. 5 1/10
10. 4 11/12
11. 6/35
12. 3/44
13. 20
14. 2
15. 8 3/4
16. 2 1/2
17. 4 2/3
18. 1 1/3
19. 3 2/3
20. 4 1/2

Página 122
Repaso final

1. 11.913
2. 14.52
3. 30.7
4. 18.6
5. 2.61
6. 70.32
7. 7.92
8. 189.8
9. 1.512
10. .53298
11. 36.5
12. 3,600
13. 2.32
14. 1.34
15. .31
16. 300
17. .03
18. 13
19. .6
20. .35

Página 123
Repaso final

1. 13%
2. 3%
3. 70%
4. 19%
5. 60%
6. .08; 2/25
7. .18; 9/50
8. .8; 4/5
9. 2.22
10. 128
11. 64
12. 80%
13. 75%
14. 80%
15. 80%
16. 60%
17. 256 niñas
18. 26 juegos
19. 75% strikes
20. 10% incorrecto

Página 124
Repaso final

1. varias respuestas posibles
2. varias respuestas posibles
3. varias respuestas posibles
4. varias respuestas posibles
5. varias respuestas posibles
6. varias respuestas posibles
7. varias respuestas posibles
8. varias respuestas posibles
9. lados, isósceles
   ángulos, agudo
10. lados, escaleno
    ángulos, obtuso
11. 51 pies
12. 18.84 pies
13. 28.26 pies cuadrados
14. 54 pies cuadrados
15. 98 pies cuadrados
16. 38 1/2 pies cuadrados
17. 196 pies cuadrados
18. prisma rectangular
    12 aristas, 6 caras
    8 vértices
19. 96 pies cuadrados
20. 148 pies

Página 125
Repaso final

1. -3
2. 3
3. -13
4. -5
5. -24
6. -3
7. 11
8. -12
9. -27
10. -4
11. -32
12. 57
13. 24
14. 36
15. -4
16. 52
17. 17
18. 4
19. -8
20. -8

Página 126
Repaso final

1. 4.º grado
2. 1,500 latas
3. 9,500 latas
4. 21,500 latas
5. 2.º grado
6. 20 estudiantes
7. 11 más C's
8. 100 estudiantes
9. 13
10. B's
11. 25 pulgadas
12. 9 pulgadas
13. enero
14. 60 pulgadas
15. diciembre
16. 500 cajas
17. la Tropa 15
18. 200 cajas
19. 900 cajas
20. 750 cajas

Página 127
Repaso final

1. 872 millas
2. 435 mph
3. 20 correctos
4. 6 bolsas
5. $2 9/10 = $2.90
6. 150.5 millas
7. $1.56
8. $6.75
9. 98 libras
10. $290.50
11. 4 1/6 millas
12. 20 correctas
13. $6.90
14. $11.19
15. 232 pies cuadrados
16. $3.04
17. $600
18. 1/6 del pastel
19. $81.15
20. 112 pies; $1,540

Glosario

A

adyacente   Que está muy próximo o unido a otra cosa.

ángulo   Cualquier par de rayos que compartan su extremo formarán un ángulo.

ángulo agudo   Un ángulo que mide menos que 90º.

ángulo obtuso   Un ángulo que mide más que 90º y menos que 180º.

ángulo recto   Un ángulo que mide 90º.

ángulos complementarios   Dos ángulos cuyas medidas suman 90º.

B

base   El número que se está multiplicando. En una expresión tal como 4^2, 4 es la base.

C

coeficiente   Un número que multiplica una variable. En el término 7x, 7 es el coeficiente de x.

congruente   Dos figuras que tienen exactamente la misma forma y el mismo tamaño.

conjunto   Una colección bien definida de objetos.

conjunto universal   El conjunto que contiene todos los otros conjuntos que se están considerando.

conjunto vacío   El conjunto que no tiene ningún elemento. Se le denota por los símbolos ∅ o { }.

conjuntos disjuntos   Conjuntos que no tienen elementos en común. {1,2,3} y {4,5,6} son conjuntos disjuntos.

coordenada x   El primer número en un par ordenado. También se llama la abscisa.

coordenada y   El segundo número en un par ordenado. También se llama la ordenada.

coordenadas   Un par ordenado de números que identifican un punto en el plano cartesiano.

cuadrante   Una de las cuatro regiones en las cuales los ejes coordenados (el eje X y el eje Y) dividen al plano cartesiano.

D

datos   Información que se encuentra organizada para analizarla.

denominador   El número de abajo en una fracción, el cual te dice el número de partes iguales en las que una unidad se ha dividido.

Glosario

desigualdad   Una expresión matemática que expresa falta de igualdad entre dos cantidades o expresiones, es decir, en la cual una expresión es mayor, mayor o igual, menor o menor o igual que otra expresión.

Los símbolos de las desigualdades son los siguientes: ≤ menor que

≤ menor o igual que

> mayor que

≥ mayor o igual que

diagrama de Venn   Un tipo de diagrama que muestra la forma como algunos conjuntos se relacionan.

E

ecuación   Una igualdad que contiene una o más incógnitas.

ecuación lineal   Una ecuación cuyo gráfico es una recta.

eje X   El eje horizontal en el plano cartesiano.

eje Y   El eje vertical en el plano cartesiano.

elemento de un conjunto   Un miembro de un conjunto.

equivalente   Que tiene el mismo valor.

estadística   Involucra la recolección de datos acerca de gente o de cosas y se usan para el análisis.

exponente   Un número que indica el número de veces que una base dada debe usarse como un factor. En la expresión n^2, 2 es el exponente.

expresión   Variables, números y símbolos que muestran una relación matemática.

expresión algebraica   Una expresión matemática que contiene al menos una variable.

extremos de una proporción   En la proporción $\dfrac{a}{b} = \dfrac{c}{d}$, a y d son los extremos.

F

factor   Un número entero que es un divisor de otro número.

finito   Que tiene fin, término, límite, o que se puede contar.

fórmula   Una expresión algebraica que relaciona variables o cantidades. Las fórmulas se usan frecuentemente en álgebra y en geometría.

función   Un conjunto de pares ordenados en el cual a cada valor de x le corresponde un único valor de y. Por ejemplo, {(0,2), (-1,6), (4,-2), (-3,4)} es una función.

G

grado　　Una unidad que se usa para medir ángulos.

graficar　　Mostrar puntos identificados por números en una recta numérica o por pares ordenados en el plano Cartesiano. También significa dibujar un esbozo para mostrar la relación entre los elementos de un conjunto de datos.

H

hipotenusa　　El lado opuesto al ángulo recto en un triángulo rectángulo.

I

infinito　　Que no tiene fin, término, límite o que no se puede contar.

intersección de conjuntos　　Si A y B son conjuntos, la intersección de A y B se define como el conjunto cuyos elementos pertenecen tanto a A como a B y se le denota por el símbolo ∩: A ∩ B. Por ejemplo, si A = {1,2,3,4} y B = {1,3,5}, entonces A ∩ B = {1,3}.

M

máximo común divisor　　El mayor divisor (o factor) común de dos o más números. También se le denota por la abreviación MCD. Por ejemplo, el MCD de 15 y 25 es 5.

media　　En estadística, la suma de un conjunto de números dividida por el número de elementos en el conjunto. También se le denomina promedio.

mediana　　En estadística, el número central en un conjunto de números cuando los números se encuentran en forma creciente. Si hay dos números centrales, la mediana es el promedio de estos números.

medios de una proporción　　En la proporción $\frac{a}{b} = \frac{c}{d}$, b y c son los medios.

mínimo común múltiplo　　El mínimo común múltiplo de dos o más números es el menor número natural que es múltiplo común de todos ellos. También se le denota por la abreviación mcm. Por ejemplo, el mcm de 12 y 8 es 24.

moda　　En estadística, el número que aparece con mayor frecuencia. A veces no hay una moda y también puede haber más de una moda.

múltiplo　　El múltiplo de un número es el producto del número por algún número entero.

N

notación científica　　Un número escrito como el producto de un número entre 1 y 10 y una potencia de diez. Por ejemplo, en notación científica, $7,000 = 7 \times 10^3$.

Glosario

numerador El número de arriba en una fracción.

número entero Cualquier número en el conjunto {..., −3, −2, −1, 0, 1, 2, 3, ...}.

número entero no negativo Cualquier número en el conjunto {0,1,2,3,4, ...}

número natural Cualquier número en el conjunto {1,2,3, ...}, es decir los números enteros positivos.

número negativo Un número que es menor que cero.

número positivo Cualquier número que es mayor que 0.

número primo Un número entero mayor que 1 cuyos únicos divisores son 1 y sí mismo.

O

operaciones inversas Operaciones que "deshacen" lo que hizo la otra. La suma y la resta son operaciones inversas y también la multiplicación y la division son operaciones inversas.

opuestos aditivos Números que están a la misma distancia de cero pero en direcciones opuestas en la recta numérica. Por ejemplo, 4 y −4 son opuestos aditivos.

orden de las operaciones El orden de los pasos que se debe seguir cuando se simplifica una expresión.
1. Evaluar dentro de cada símbolo de agrupamiento.
2. Eliminar todos los exponentes.
3. Multiplicar y dividir de izquierda a derecha.
4. Sumar y restar de izquierda a derecha.

origen El punto en el cual se intersectan el eje X y el eje Y en el plano cartesiano. Se le representa por el par ordenado (0,0).

P

par ordenado Un par de números (x,y) que representa un punto en el plano cartesiano. El primer número es la coordenada x y el segundo, la coordenada y.

pendiente Es una medida de la inclinación de una recta. Es la diferencia en el eje Y dividida por la diferencia en el eje X.

perímetro La medida del contorno de una figura.

pi La razón entre la circunferencia de un círculo y su diámetro. Se le denota por el símbolo π. El valor aproximado de π es 3.14 en forma decimal y 22/7 como una fracción.

plano Una superficie plana que se extiende indefinidamente en todas las direcciones.

plano cartesiano (o coordenado) El plano que contiene al eje X y al eje Y. Está dividido en 4 cuadrantes. También se llama sistema de coordenadas.

por ciento	Centésimos. Se denota por el símbolo %.
potencia	Un exponente.
probabilidad	Medida de la certidumbre asociada a la ocurrencia de un suceso o evento. Es la razón entre el número de casos favorables y el número de casos posibles.
propiedad de existencia de elementos neutros para la multiplicación y la suma	Para cualquier número real a: multiplicación: $1 \times a = a \times 1 = a$ suma: $a + 0 = 0 + a = a$
propiedad de existencia de elementos opuestos o inversos para la multiplicación y la suma	Para cualquier número $a \neq 0$: multiplicación: $a \times 1/a = 1$ Para cualquier número a: suma $a + -a = 0$.
propiedad distributiva	Para cualesquiera números reales a, b y c: $a(b + c) = ab + ac$.
propiedades asociativas	Para cualesquiera a, b, c: multiplicación: $(ab)c = a(bc)$ suma: $(a + b) + c = a + (b + c)$
propiedades conmutativas	Para cualesquiera a, b: multiplicación: $ab = ba$ suma: $a + b = b + a$
proporción	Una ecuación que establece la igualdad de dos razones. Por ejemplo, $\frac{4}{8} = \frac{2}{4}$ es una proporción.
punto	Una posición exacta en el espacio. Los puntos también representan números en la recta numérica o en el plano cartesiano.

R

raíz cuadrada	Denotada por el símbolo $\sqrt{\ }$. $\sqrt{36} = 6$ porque $6 \times 6 = 36$.
rango	La diferencia entre el mayor número y el menor número en un conjunto de números.
razón	Una comparación entre dos números usando una división. Se escribe a:b, a es a b y a/b.
recíprocos	Dos números cuyo producto es 1. Por ejemplo, 2/3 y 3/2 son recíprocos porque $2/3 \times 3/2 = 1$
recta numérica	Una recta que representa los números como puntos.
rectas paralelas	Rectas en un plano que no se intersectan. Permanecen a la misma distancia.
rectas perpendiculares	Rectas que están en un mismo plano y que forman un ángulo recto.
reducir	Expresar una fracción en sus términos más sencillos.

Glosario

relación   Un conjunto de pares ordenados.

resultado   Uno de los posibles eventos en una situación de probabilidad.

S

símbolos de agrupación   Símbolos que indican el orden en el cual deben llevarse a cabo las operaciones matemáticas. Por ejemplo, los paréntesis ( ), los corchetes [ ], las llaves { } y las líneas divisoras de las fracciones —.

solución   Un número que puede sustituir a una variable de forma que una ecuación sea verdadera.

subconjunto   Si todos los miembros de un conjunto A son miembros del conjunto B, entonces el conjunto A es un subconjunto del conjunto B. Se denota por el símbolo $\subset$: $A \subset B$.
Por ej., si $A = \{1,2,3\}$ y $B = \{0,1,2,3,5,8\}$, el conjunto A es un subconjunto del conjunto B porque todos los miembros del conjunto A también son miembros del conjunto B.

T

teorema de Pitágoras   En un triángulo rectángulo, si c es la hipotenusa y a y b son los catetos, entonces $a^2 + b^2 = c^2$.

U

unión de conjuntos   Si A y B son conjuntos, la unión de los conjuntos A y B es el conjunto cuyos miembros están incluidos en el conjunto A o en el conjunto B o en ambos. La unión de A y B se denota por $A \cup B$. Por ej., si $A = \{1,2,3,4\}$ y $B = \{1,3,5,7\}$, entonces $A \cup B = \{1,2,3,4,5,7\}$.

V

valor absoluto   La distancia de un número hasta el origen en una recta numérica . El valor absoluto es siempre mayor o igual que cero.

variable   Una letra que representa un número.

vértice   El punto en el cual se encuentran dos rectas, dos segmentos o dos rayos cuando forman un ángulo.

Important Symbols

$<$	menor que	π	pi
$\leq$	menor o igual que	{ }	conjunto
$>$	mayor que	| |	valor absoluto
$\geq$	mayor o igual que	$.\overline{n}$	símbolo de repetición decimal
$=$	es igual a	$1/a$	el recíproco de un número
$\neq$	no es igual a	$\%$	por ciento
$\cong$	es congruente a	(x,y)	par ordenado
( )	paréntesis	$\perp$	es perpendicular a
[ ]	corchetes	| |	es paralela a
{ }	llaves	$\angle$	ángulo
...	y así sucesivamente	$\in$	es un elemento de
$\cdot$ o $\times$	multiplicado por	$\notin$	no es un elemento de
∞	infinito	$\cap$	intersección
a^n	la enésima potencia de un número	$\cup$	unión
$\sqrt{}$	la raíz cuadrada	$\subset$	es un subconjunto de
$\varnothing$, { }	el conjunto vacío	$\not\subset$	no es un subconjunto de
$\therefore$	por lo tanto	$\triangle$	triángulo
$^\circ$	grado		

Tabla de multiplicación

x	2	3	4	5	6	7	8	9	10	11	12
2	4	6	8	10	12	14	16	18	20	22	24
3	6	9	12	15	18	21	24	27	30	33	36
4	8	12	16	20	24	28	32	36	40	44	48
5	10	15	20	25	30	35	40	45	50	55	60
6	12	18	24	30	36	42	48	54	60	66	72
7	14	21	28	35	42	49	56	63	70	77	84
8	16	24	32	40	48	56	64	72	80	88	96
9	18	27	36	45	54	63	72	81	90	99	108
10	20	30	40	50	60	70	80	90	100	110	120
11	22	33	44	55	66	77	88	99	110	121	132
12	24	36	48	60	72	84	96	108	120	132	144

Números primos de uso frecuente

2	3	5	7	11	13	17	19	23	29
31	37	41	43	47	53	59	61	67	71
73	79	83	89	97	101	103	107	109	113
127	131	137	139	149	151	157	163	167	173
179	181	191	193	197	199	211	223	227	229
233	239	241	251	257	263	269	271	277	281
283	293	307	311	313	317	331	337	347	349
353	359	367	373	379	383	389	397	401	409
419	421	431	433	439	443	449	547	461	463
467	479	487	491	499	503	509	521	523	541
547	557	563	569	571	577	587	593	599	601
607	613	617	619	631	641	643	647	653	659
661	673	677	683	691	701	709	719	727	733
739	743	751	757	761	769	773	787	797	809
811	821	823	827	829	839	853	857	859	863
877	881	883	887	907	911	919	929	937	941
947	953	967	971	977	983	991	997	1009	1013

Cuadrados y raíces cuadradas

No.	Cuadrado	Raíz cuadrada	No.	Cuadrado	Raíz cuadrada	No.	Cuadrado	Raíz cuadrada
1	1	1.000	51	2,601	7.141	101	10201	10.050
2	4	1.414	52	2,704	7.211	102	10,404	10.100
3	9	1.732	53	2,809	7.280	103	10,609	10.149
4	16	2.000	54	2,916	7.348	104	10,816	10.198
5	25	2.236	55	3,025	7.416	105	11,025	10.247
6	36	2.449	56	3,136	7.483	106	11,236	10.296
7	49	2.646	57	3,249	7.550	107	11,449	10.344
8	64	2.828	58	3,364	7.616	108	11,664	10.392
9	81	3.000	59	3,481	7.681	109	11,881	10.440
10	100	3.162	60	3,600	7.746	110	12,100	10.488
11	121	3.317	61	3,721	7.810	111	12,321	10.536
12	144	3.464	62	3,844	7.874	112	12,544	10.583
13	169	3.606	63	3,969	7.937	113	12,769	10.630
14	196	3.742	64	4,096	8.000	114	12,996	10.677
15	225	3.873	65	4,225	8.062	115	13,225	10.724
16	256	4.000	66	4,356	8.124	116	13,456	10.770
17	289	4.123	67	4,489	8.185	117	13,689	10.817
18	324	4.243	68	4,624	8.246	118	13,924	10.863
19	361	4.359	69	4,761	8.307	119	14,161	10.909
20	400	4.472	70	4,900	8.367	120	14,400	10.954
21	441	4.583	71	5,041	8.426	121	14,641	11.000
22	484	4.690	72	5,184	8.485	122	14,884	11.045
23	529	4.796	73	5,329	8.544	123	15,129	11.091
24	576	4.899	74	5,476	8.602	124	15,376	11.136
25	625	5.000	75	5,625	8.660	125	15,625	11.180
26	676	5.099	76	5,776	8.718	126	15,876	11.225
27	729	5.196	77	5,929	8.775	127	16,129	11.269
28	784	5.292	78	6,084	8.832	128	16,384	11.314
29	841	5.385	79	6,241	8.888	129	16,641	11.358
30	900	5.477	80	6,400	8.944	130	16,900	11.402
31	961	5.568	81	6,561	9.000	131	17,161	11.446
32	1,024	5.657	82	6,724	9.055	132	17,424	11.489
33	1,089	5.745	83	6,889	9.110	133	17,689	11.533
34	1,156	5.831	84	7,056	9.165	134	17,956	11.576
35	1,225	5.916	85	7,225	9.220	135	18,225	11.619
36	1,296	6.000	86	7,396	9.274	136	18,496	11.662
37	1,369	6.083	87	7,569	9.327	137	18,769	11.705
38	1,444	6.164	88	7,744	9.381	138	19,044	11.747
39	1,521	6.245	89	7,921	9.434	139	19,321	11.790
40	1,600	6.325	90	8,100	9.487	140	19,600	11.832
41	1,681	6.403	91	8,281	9.539	141	19,881	11.874
42	1,764	6.481	92	8,464	9.592	142	20,164	11.916
43	1,849	6.557	93	8,649	9.644	143	20,449	11.958
44	1,936	6.633	94	8,836	9.695	144	20,736	12.000
45	2,025	6.708	95	9,025	9.747	145	21,025	12.042
46	2,116	6.782	96	9,216	9.798	146	21,316	12.083
47	2,209	6.856	97	9,409	9.849	147	21,609	12.124
48	2,304	6.928	98	9,604	9.899	148	21,904	12.166
49	2,401	7.000	99	9,801	9.950	149	22,201	12.207
50	2,500	7.071	100	10,000	10.000	150	22,500	12.247

Fraction/Decimal Equivalents

Fraction	Decimal	Fraction	Decimal
$\frac{1}{2}$	0.5	$\frac{5}{10}$	0.5
$\frac{1}{3}$	0.3	$\frac{6}{10}$	0.6
$\frac{2}{3}$	0.6	$\frac{7}{10}$	0.7
$\frac{1}{4}$	0.25	$\frac{8}{10}$	0.8
$\frac{2}{4}$	0.5	$\frac{9}{10}$	0.9
$\frac{3}{4}$	0.75	$\frac{1}{16}$	0.0625
$\frac{1}{5}$	0.2	$\frac{2}{16}$	0.125
$\frac{2}{5}$	0.4	$\frac{3}{16}$	0.1875
$\frac{3}{5}$	0.6	$\frac{4}{16}$	0.25
$\frac{4}{5}$	0.8	$\frac{5}{16}$	0.3125
$\frac{1}{8}$	0.125	$\frac{6}{16}$	0.375
$\frac{2}{8}$	0.25	$\frac{7}{16}$	0.4375
$\frac{3}{8}$	0.375	$\frac{8}{16}$	0.5
$\frac{4}{8}$	0.5	$\frac{9}{16}$	0.5625
$\frac{5}{8}$	0.625	$\frac{10}{16}$	0.625
$\frac{6}{8}$	0.75	$\frac{11}{16}$	0.6875
$\frac{7}{8}$	0.875	$\frac{12}{16}$	0.75
$\frac{1}{10}$	0.1	$\frac{13}{16}$	0.8125
$\frac{2}{10}$	0.2	$\frac{14}{16}$	0.875
$\frac{3}{10}$	0.3	$\frac{15}{16}$	0.9375
$\frac{4}{10}$	0.4		

www.ingramcontent.com/pod-product-compliance
Lightning Source LLC
Chambersburg PA
CBHW081816200326
41597CB00023B/4272